爱上科学

Science

Quercus

THE PERIODIC TABLE IN MINUTES

THE ELEMENTS AND
THEIR CHEMISTRY EXPLAINED
IN AN INSTANT

化学速览

即时掌握的200个

化学知识

[英] 丹·格林 (Dan Green) 著

陈晟 张弢 江昀 译

刘子宁 审

U0311709

人 民 邮 电 出 版 社

北 京

图书在版编目（ＣＩＰ）数据

化学速览：即时掌握的200个化学知识／（英）丹·格林（Dan Green）著；陈晟，张弨，江昀译. -- 北京：人民邮电出版社，2019.2（2020.11重印）

（爱上科学）

ISBN 978-7-115-50238-4

Ⅰ．①化… Ⅱ．①丹… ②陈… ③张… ④江… Ⅲ．①化学－普及读物 Ⅳ．①06-49

中国版本图书馆CIP数据核字（2018）第287459号

版权声明

◆ 著　　　　[英] 丹·格林（Dan Green）
　 译　　　　陈　晟　张　弨　江　昀
　 审　　　　刘子宁
　 责任编辑　周　璇
　 责任印制　彭志环

◆ 人民邮电出版社出版发行　　北京市丰台区成寿寺路 11 号
　 邮编　100164　　电子邮件　315@ptpress.com.cn
　 网址　http://www.ptpress.com.cn
　 北京九州迅驰传媒文化有限公司印刷

◆ 开本：690×970　1/16
　 印张：13.25　　　　　　　　　2019 年 2 月第 1 版
　 字数：268 千字　　　　　　　2020 年 11 月北京第 4 次印刷
　 著作权合同登记号　图字：01-2017-2715 号

定价：59.00 元

读者服务热线：(010)81055493　印装质量热线：(010)81055316
反盗版热线：(010)81055315
广告经营许可证：京东市监广登字 20170147 号

内容提要

　　本书内容简单实用，介绍了200个重点化学知识。每个知识点都有一个易于理解的画面和简洁的解释，使读者很容易理解其概念。书中的200个化学概念涵盖了诸多化学领域，包括基本化学知识、元素周期表的发展、元素的化学、元素周期表的模式等方面的内容。

　　书中简单、直观的化学概念可以令读者很容易记住其中的知识。科学研究发现，信息可视化的知识最易被人体大脑吸收。本书不仅是读者理想、便利的化学参考书，同时也可供读者在闲暇时阅读，使复杂的化学变得简单、有趣、易于理解。

元素周期表

H 1 氢									
Li 3 锂	Be 4 铍								
Na 11 钠	Mg 12 镁								
K 19 钾	Ca 20 钙	Sc 21 钪	Ti 22 钛	V 23 钒	Cr 24 铬	Mn 25 锰	Fe 26 铁	Co 27 钴	
Rb 37 铷	Sr 38 锶	Y 39 钇	Zr 40 锆	Nb 41 铌	Mo 42 钼	Tc 43 锝	Ru 44 钌	Rh 45 铑	
Cs 55 铯	Ba 56 钡	*	Hf 72 铪	Ta 73 钽	W 74 钨	Re 75 铼	Os 76 锇	Ir 77 铱	
Fr 87 钫	Ra 88 镭	**	Rf 104 鑪	Db 105 𨧀	Sg 106 𨭎	Bh 107 𨨏	Hs 108 𨭆	Mt 109 䥑	

镧系 ★

La 57 镧	Ce 58 铈	Pr 59 镨	Nd 60 钕	Pm 61 钷	Sm 62 钐	Eu 63 铕

锕系 ★★

Ac 89 锕	Th 90 钍	Pa 91 镤	U 92 铀	Np 93 镎	Pu 94 钚	Am 95 镅

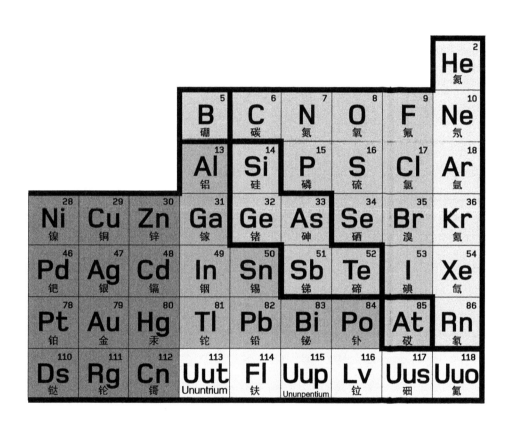

元素相关数据的解读

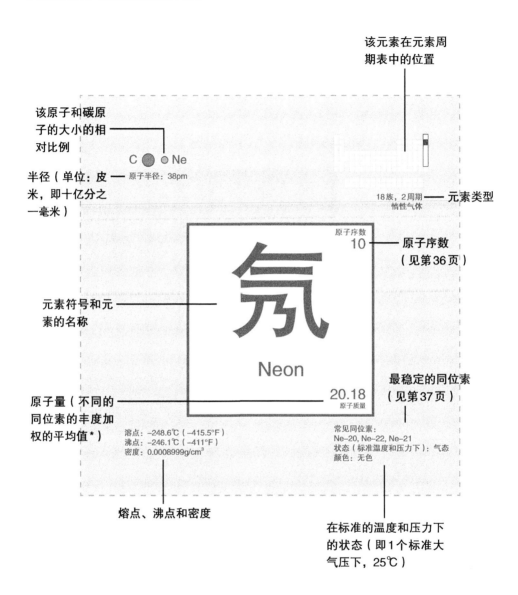

该元素在元素周期表中的位置

该原子和碳原子的大小的相对比例

C ● ● Ne

半径（单位：皮米，即十亿分之一毫米）—— 原子半径：38pm

18族，2周期 —— 元素类型
惰性气体

原子序数
10 —— 原子序数（见第36页）

氖

元素符号和元素的名称

Neon

20.18
原子质量

最稳定的同位素（见第37页）

原子量（不同的同位素的丰度加权的平均值*）

熔点：−248.6℃（−415.5°F）
沸点：−246.1℃（−411°F）
密度：0.0008999g/cm³

常见同位素：
Ne−20、Ne−22、Ne−21
状态（标准温度和压力下）：气态
颜色：无色

熔点、沸点和密度

在标准的温度和压力下的状态（即1个标准大气压下，25℃）

（*注：对于那些没有稳定的同位素的元素而言，则列出其中相对最稳定的一种同位素的原子量）

目录

概述

化学元素周期表，是科学王冠上的宝石之一。将元素分门别类，是人类最伟大、最珍贵的发现之一，它首次给我们的宇宙排列出了一个顺序。而该表类似于城堡形状的外观，已经变成了一个很有辨识度的标识，被永久地悬挂在实验室的墙壁上（虽然它并非一成不变），也装点了很多很多东西，例如杯子、新潮的领带等。

1869 年，俄罗斯化学家门捷列夫发明了元素周期表，使用元素的化学性质，作为编制该表的规则。这种做法的主要优点，是该表能够包容并解释后来的发现，例如原子的构成、原子序数和化学键价键理论等。它还预测了多种当时未被发现的元素。这些价键像城墙一样的周期表里，包括了一些科学的最重要的发现，例如原子理论、电子理论、光谱学、放射性和量子物理学。

元素，曾经被定义为"最简单的物质"，这个词来自于拉丁语中的"elementum"一词，意思是"最基本的规则"或"最基础的形式"。今天，我们都知道，实际上每个原子都可以被分为更小、更基本的粒子，所以对于元素的现代定义，可能就是"由原子组成的物质，这些原子的原子核中，有相同数量的亚原子粒子——质子。"对于物质和原子结构进行的研究，一直是科学史上的推动力，不仅让人类对于元素、原子的理解有了惊人的进步，而且推动了广泛的技术应用，重塑了现代社会的面貌。

元素周期表的规则，描述了化学元素是如何排列的。和万有引力定律、演化论类似，它在整个宇宙中都是适用的。实际上，构成生物的关键元素的信息，被列为 1974 年阿西博信息的一部分，这是人类第一次有意识地向其他星球发出信息。倘若我们遭遇到了外星文明，这或许就是我们可以讨论的共同话题：虽然我们对元素的称谓会有所不同，但我们都可以就"118 种不同类型的原子构成了宇宙万物"这一点达成共识。

纯元素包含单个类型的原子，例如电线中的铜、煤里的碳及派对气球里的氦气。然而，实际上，生活中仅有极少数材料是纯元素的

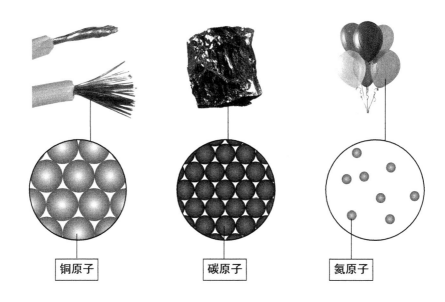

铜原子　　　　　　　碳原子　　　　　　　氦原子

基本元素知识

元素与原子

理查德·费曼（Richard Feynman），诺贝尔奖获得者、物理学家，曾经有人问他：如果世界末日到来，有哪一种科学现象还会被保留下来呢？他的回答很明确：世间万物由原子组成，这种微小粒子在永恒运动。原子之间间隔一段距离时它们会互相吸引，同时又互相排斥，彼此挤压。原子假设是一个古老的概念，可以追溯到古希腊时期。然而，微小粒子的证据来自于许多后续的实验，例如：布朗运动和原子力显微镜（见第 56 页）。

　　无论是通过物理反应还是化学反应，元素都不能被分解为更简单的物质。每种元素仅包含一种原子，并由核中的质子数所决定（见第 3 页）。现如今已有 118 种原子（及更多的"同位素"，见第 37 页），其中有 92 种原子存在于自然界。

原子结构

大多数人可能认为原子是一个迷你太阳系，原子中间的核相当于太阳，周围围绕着电子"行星"。这个简单的"行星模型"于1911年由新西兰物理学家欧内斯特·卢瑟福（Ernest Rutherford）创立，并得到了广泛的认可（见第34页），该模型长久以来被人们所接受。1913年，尼尔斯·玻尔（Niels Bohr）的量子描述更为完整，他提出电子会在固定的轨道上，以特定的概率出现（见第35页）。

原子核包含带正电的质子和电中性的中子，它们统称核子。几乎所有的原子质量都被集中在原子核。质子的数量决定了元素——即使没有电子，原子仍然可以决定元素。带有电荷的质子被同等数量的负电荷电子中和，通过静电吸引最终形成中性原子。通常原子的直径约为1埃（0.1纳米），约为红细胞的1/100 000。

氦原子的组成部分

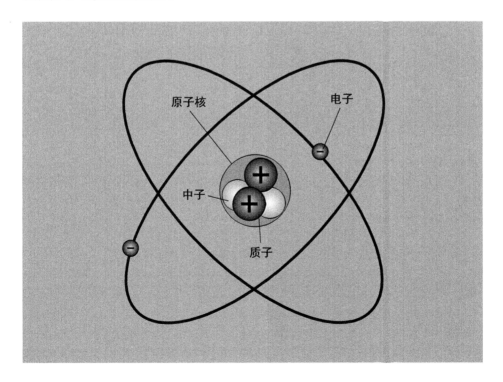

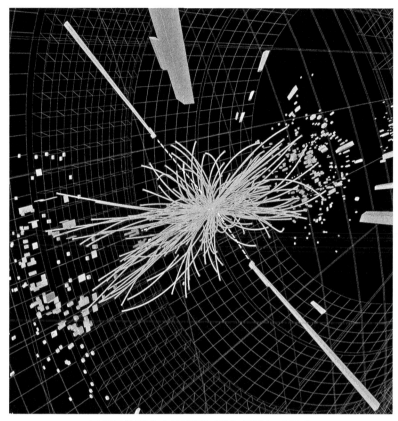

亚原子粒子在大型强子对撞机里的运动轨迹

亚原子粒子

什么是"根本"？这是一个科学研究的核心问题。但是，问题的答案会因为询问者的不同而有所不同。对于化学家而言，答案是原子，因为这是自然条件下物质相互作用的方式。然而，对于物理学家而言，能产生高能质子碰撞的外来基本粒子才是正确答案。

原子有3种基本组成：质子、中子和电子。其中，只有电子被认为是根本。1897年，电子是第一种被发现的亚原子粒子（见第33页），随后，1919年质子被发现，1932年中子被发现。电子属于轻子家族，其中还包括μ粒子、τ粒子和中微子。质子和中子是重子，都是由3个不同夸克以不同形式组合而成的复合粒子。它们比较重，几乎所有的原子固有质量都位于原子核。电子则差不多是它们质量的1/2000。

电子构型

电子并不能随心所欲地围绕原子核的运行。事实上，它们占据原子轨道，被排列在有固定（量化）能量的"壳"里。每个壳层持有特定数量的电子，当上一层电子数量超过上限时，电子将去填满下一个层次。根据量子物理学，轨道结构并不明确，取而代之的是具有模糊边缘的"概率区"，在此区域内，能找到电子的概率是95%。电子轨道之间的距离仍然不明确。

元素的电子构型是决定其物理性质和化学反应的关键。最外层电子壳的电子数量（被称为价电子层）及其能量很大程度上决定了键的类型、化合物的类型以及元素的形态。靠近原子核的电子排列最为紧密，一个完整的价电子层是一个更稳定的电子组态。这种构型也解释了元素周期表中所观察到的许多趋势（见第57页）。

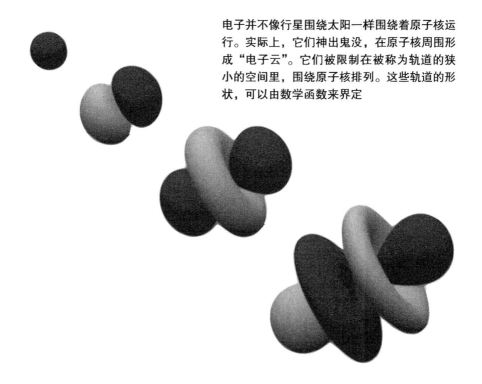

电子并不像行星围绕太阳一样围绕着原子核运行。实际上，它们神出鬼没，在原子核周围形成"电子云"。它们被限制在被称为轨道的狭小的空间里，围绕原子核排列。这些轨道的形状，可以由数学函数来界定

原子核的结合能

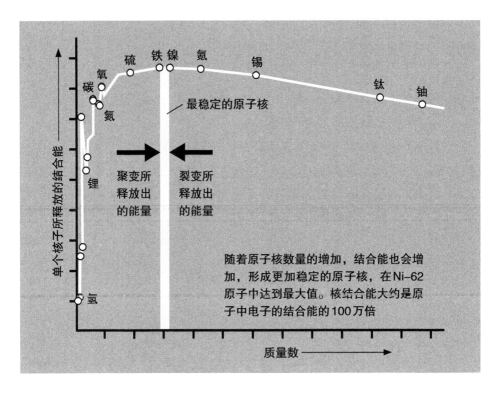

随着原子核数量的增加，结合能也会增加，形成更加稳定的原子核，在 Ni-62 原子中达到最大值。核结合能大约是原子中电子的结合能的 100 万倍

原子核的力量

最简单的元素——氢，它的原子核里只有一个带正电荷的质子。然而，较重的元素具有更多的质子，那么它们的原子核是如何克服正电荷之间的静电排斥呢？答案就是强大力（也称为"强相互作用"），这种力只有在很短的距离上（1 费米，也就是 1×10^{-15}m）才能发挥作用。它不仅吸引质子和中子相互作用，而且还聚集夸克形成原子核。原子核中另一种较弱的力量让中子偶尔进行放射性 β 衰变，形成质子（见第 7 页）。

　　核子聚集时的质量比分散时要小，当核子聚集形成元素时，那些多余的质量会以"结合能"的形式被释放出来。核反应可以通过聚变（聚集轻核形成重核）或裂变（分裂较重的元素形成较轻的元素）的形式作为能源。

不稳定的原子核及其放射性

1896年，人们发现了天然放射性现象。昂利·贝可勒耳（Henri Becquerel，1852—1908）发现，被放在含有铀盐抽屉里的照片底片曝光了。通过进一步研究这些神秘的放射物，他发现了一些带电的粒子。这个发现动摇了科学的核心假设：如果有粒子可以从原子中被除去的话，那么原子就不可能是物质的基本单位。

原子核所含的核子越多，它就越不稳定：所有比铋重的元素都具有放射性。放射，是原子核释放出物质或能量（有时则两者皆有）的过程，在此过程中，原子核通常会损失一定的质量，变得更加稳定，并衰变为另外一种元素。欧内斯特·卢瑟福（Ernest Rutherford）根据穿透力的大小，把核放射性分为3种类型：可以被轻松阻滞的重的 α 粒子，其所携带的电荷为+2；高速运动的、带负电荷的 β 粒子（当质子转变为中子时所释放出来的电子）；具有极强穿透能力的 γ 射线，它是一种纯的电磁能量。

衰变的3种类型

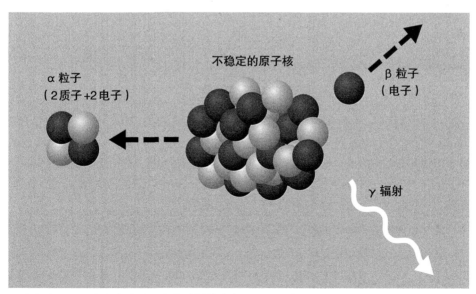

不稳定的原子核失去能量时，发生放射性衰变。α 和 β 辐射将原子转化为不同的化学元素

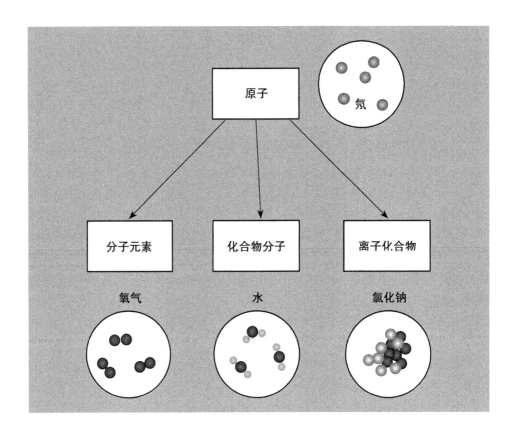

分子及化合物

在自然环境下，地球上的大部分物质并不是由单一的原子构成的，而是由多个原子的组合（即分子）构成的。就像原子和元素的区别一样，分子与化合物的区别很细微但却非常重要。分子由两个或多个原子结合在一起，化合物则是由至少两种不同的元素组成。所有的化合物都是分子，但不是所有的分子都是化合物。同时，所谓的离子化合物，是由大量不同原子连续聚集形成的。

分子元素仅由一个元素组成。大家所熟悉的几种气体都是双原子分子，包括氧气（O_2）、氮气（N_2）和氢气（H_2）。相比之下，水（H_2O）是由两种元素组成的化合物（氢和氧）。分子一般都是电中性、共价连接（见第 12 页），但它们也可以失去电子成为分子离子（见第 11 页）。

固体、液体和气体

物质的状态，是指正常条件下大量的物质呈现的形式，通常是指气态、液态或固态。产生这种差别的原因，在于构成物质的主要粒子（原子、离子或分子）是连在一起的，还是彼此分离的。

固体具有固定的三维形状，其中的连接阻止了粒子的自由移动，所以固体只有在外力作用下才会改变形状。液体中的粒子具流动性，其连接不断被打破重组，所以液体是可以流动的，与容器的形状保持一致。但是，在给定的温度和压力下，它们的体积是恒定的，所以液体几乎是不可压缩的。气体也像液体一样能够流动，但其原子或分子之间几乎没有相互作用，它们会通过膨胀来填充一个容器。它们可以被压缩，所以没有固定的形状或体积。在一定的温度和压力范围之内，每种状态都是稳定的。加热能够增加粒子的动能，而足够大的能量，就可以打破分子间的离子键，从而改变物质的状态。

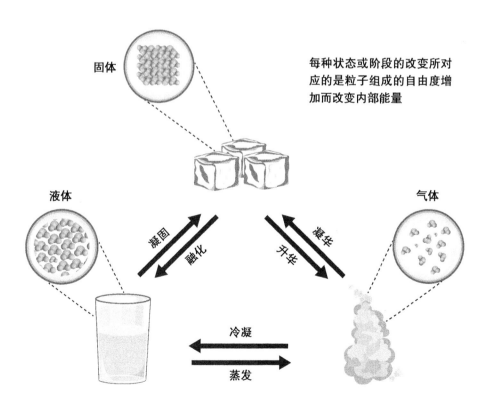

固体

液体

气体

每种状态或阶段的改变所对应的是粒子组成的自由度增加而改变内部能量

凝固

融化

升华

凝华

冷凝

蒸发

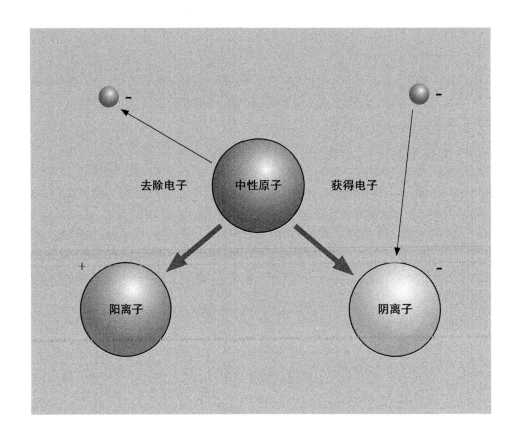

离子

通常，正负电荷是完全平衡的，所以物体间才不会因为静电作用而互相吸引。然而，当原子或分子所带有的正电荷（来自于质子）与负电荷（来自于电子）的数量不相等时，就称之为离子。这种电荷的不平衡让物体可以通过静电吸引与排斥与其他物体产生不同的相互作用。"阴离子"携带过多的电子，呈负电荷，然而，"阳离子"缺乏电子，呈正电荷。离子型原子或离子型分子的电荷通常用上标形式来表示：例如 Cl^- 和 Mg^{2+}。

离子是我们日常生活的一部分，而且它很容易制造。光总是去除原子中的电子，而溶解的离子盐释放离子到溶液中。甚至穿着橡胶鞋底走路，也可能产生电荷的聚集，而当你触摸金属扶手或与别人握手时，就会感觉被"电"了一下。移除电子所需的能量，被称为电离能（见第79页）。

离子键

离子键是一种化学键，具有正负相反电荷的离子形成晶态固体。它也被称为电价键，因为原子常常交换电子完成其价电子层（见第5页）并达到稳定构型。所产生的离子通过静电吸引聚拢形成化合物。

离子化合物通常形成于金属阳离子与非金属阴离子之间。一个典型的例子就是钠离子与氯离子结合形成的氯化钠（NaCl）。一种元素所含有的电负性（见第78页）越多，其离子结合性就越强。然而，离子化合物通常有一些共价（电子共享）特性。除个别离子外，共价键分子如碳酸盐（CO_3^{2-}）可以形成多元离子。离子挤在尽可能最小的空间里形成规则的重复单元晶格。一般来说，离子化合物具有高熔点，其固体形式通常易碎且不导电。

氟化锂（LiF）的离子键

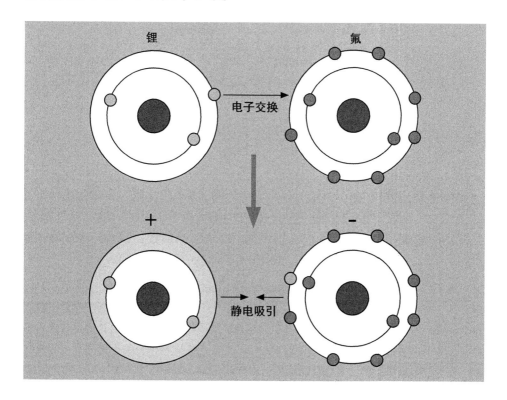

氟气中的共价键（F_2）

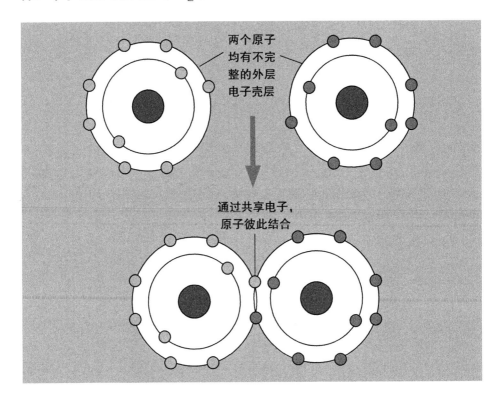

两个原子均有不完整的外层电子壳层

通过共享电子，原子彼此结合

共价键

共价键是一种化学键的形式，它们"共享"电子而不是交换电子。原子会"想方设法"地填补最外层价电子层，以获得更稳定的电子构型。例如4个氢原子，在外层中每个原子具有一个电子和一个空缺"空间"，可以与一个碳原子键结合形成甲烷分子（CH_4），携带4个外电子，但其价电子层之中拥有8个外电子。

电子"AA制"提供了多种多样的组合选择。很多原子共享不止一个电子，形成双键和三键。共价化合物的形式大多是非金属，因为当电子紧密结合时，电荷很少有机会流动，它们通常是电绝缘体。由于中性分子很少相互吸引，这类共价化合物大多会是气体或低沸点液体，如二氧化碳和戊烷。而在三维结构形成共价键的、更大的分子，则可以形成坚硬的、熔点高的固体，如金刚石。

金属键

化合物的第三类化学键就是金属键。人们常把此类化学键形成的物质称为典型的金属。它们所具有的金属元素性质（见第80页）使它们倾向于形成金属键。金属键具有离子键和共价键的特性。价电子不与任何特定的原子有关联，可以在多个正电荷原子核周围自由地移动。

静电吸引使得固体聚集，重新唤起离子键的功能，如同形成共价键一样；而离域的电子被轨道重叠的原子所共享。带正电荷的核心不是离子，而是由原子核以及所有非外价层的电子所组成的。这种类型的结合非常强大，需要很大的能量才能打破。一般来说这就是金属具有高熔点和高沸点的原因。它也使得金属具有很大的韧性，不像离子化合物或共价化合物那么易碎。

钠的金属键

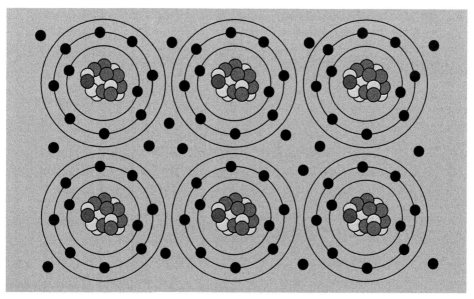

在正电荷的离子上共享电子会产生一个金属晶格，其中的电子可以自由移动和导电

烟花采用复杂非凡的一系列
简单化学反应：金属盐的燃
烧反应产生了颜色

化学反应

学校教科书上讲的化学反应是指从一种物质转变成另一种物质。这种宽泛的定义涵盖了自然界各种各样千奇百怪的转变，但是关于如何产生反应或者为什么会产生反应以及是什么决定了反应的产物这些问题，定义并没有提供任何线索。

化学反应通常是指价电子的相互作用，打破物质的原有的化学键形成新物质。它包含一系列的替换——从简单的化学键，到去掉单个原子或基团。打破化学键需要能量，如果新的化学键形成时释放了更多的能量，那么化学反应就会自发地进行。否则，则需要为化学反应提供能量。然而，催化剂减少了诱发化学反应所需要的能量，或是加速了化学反应的进程。反应能量学可以预测和控制化学反应，以完成多步合成。

结构式

化学公式是分子的一种简化后的图像。虽然是用文字写的，但是它描述了化合物中的元素以及它们的连接方式。因此，CH₃COOH（又名醋酸或白醋）是一个甲基基团（1个碳原子与3个氢原子结合，CH₃）被连接到一个羧酸基团（1个碳原子与氧原子通过双键结合而成的氢氧化物）。对于很多这种类型的物质，单凭化学式我们是无法知道分子是如何排布的。然而，结构式是真的图像。即使只有两个维度的话，它能够显示一个苯环的六角双键（C₆H₆）。约翰·道尔顿（John Dalton）（见第28页）首次尝试用他的元素符号系统建立标准的化学命名法。由于元素按照固定比例结合，所以化合物可以通过符号组合来表达。然而，历史上（及出版商）更喜欢伯齐利厄斯（Jöns Jakob Berzelius）所使用的字母来表达化合物的方法，因为它更容易被印刷。

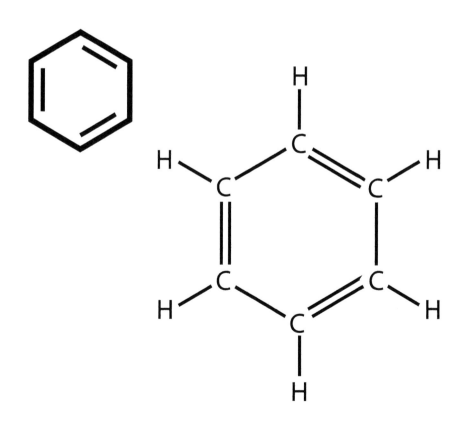

铁陨石中的晶体结构

金属

金属非常容易辨认，它坚硬、光泽、强韧，元素周期表中超过 3/4 的元素都是金属，而非金属元素则位于元素周期表的右上方。金属元素之中，有些很活泼，而有些则是惰性的（见第 17 页），金属是典型的电导体和热导体，易加工、韧密。

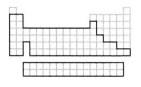

金属元素的大部分性质，都可以用金属键来解释（见第 13 页）。强大的金属键，使得金属的熔点都很高，而镓和汞则是例外：因为不寻常的量子效应，它们在这方面显得与众不同（见第 162 页和第 112 页）。在金属的内部，离域电子的"海洋"可以很容易地传输热量和电，这就使金属摸起来冷冰冰的，能够导电，且表面具有光泽。金属具有低电负性（见第 78 页），它们很容易失去电子，与非金属阴离子形成离子化合物。它们也可以与其他金属混合，形成"固溶"合金。

活性顺序

反应活性顺序表，是反映金属相对反应活性强弱的列表，也即金属发生化学反应的容易程度。处于列表顶端的金属，反应活性最强，能够和许多物质发生剧烈的发生。而处于列表底端的金属，反应活性较弱，对反应条件的要求很荷刻——这些金属往往需要高温或高压，才能进行化学反应。

这种反应性"排行榜"是根据实验结果来决定的，常常以金属与水的反应作为基准。所谓的贵金属（见第63页），如金和铂，性质最不活泼，它们只会与强酸发生化学反应。而第1族碱金属（见第60页）是最活跃的，其中，铯和钫的反应活性最强。反应活性的顺序，与电离能级数的次序几乎完全相反。电离能，表示的就是从元素中去除一个电子所需的能量（在气相中测量）。

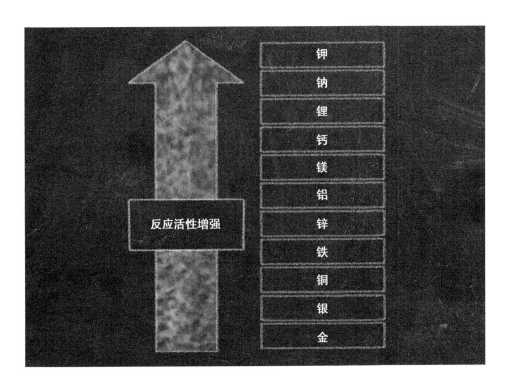

在南极洲，美国国家航空航天局（NASA）的科学家们，用比空气轻的氦气来填充高空探测气球

非金属

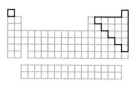

金属看起来都很相似，具有很多共同的特性，而非金属却不一样，它们几乎没多少共同之处。相反，它们正是因为缺乏金属特性而得名。金属元素占据标准周期表的"低地"（左边及中间的宽阔地带），而非金属都挤在右上角（除氢以外），准金属位于金属和非金属之间（见第 20 页）。

一般来说，非金属都是具有挥发性的，通常为气体，或是易汽化的液体和固体，它们不易导电、不易传热。与金属不同，固体非金属颜色暗淡、易碎，缺乏延展性。它们往往比金属密度小且熔点和沸点较低（除了碳）。非金属元素具有高电负性（见第 78 页），它吸引其他原子中的电子，从而形成带负电荷的阴离子。它们与金属形成离子化合物，与其他非金属则以共价键结合。然而，惰性气体（见第 73 页）几乎是完全不发生反应的。

同素异形体

原子理论中的一个重要部分，就是任何特定元素的所有原子，在本质上都是相同的，它们的原子核中具有着相同数量的质子。这似乎就意味着，由同种元素组成的材料，都应该具有相同的特征。然而，实际上它还取决于原子的结构，当元素以不同的形式组成物质时（称为同素异形体），它们可能具有完全不同的物理性质和化学性质。

　　磷的几种同素异形体，颜色分别为红色、白色、黑色或紫色。高活性的白磷，在与空气接触时就会自燃；而红磷必须被加热到240℃（464°F）才能燃烧。这些不同的同素异形体在不同条件下形成。碳在很深的地底下形成钻石（一种坚硬而不导电的晶体）。相比之下，石墨却是一种具有部分金属属性的柔软固体，比如，它有油腻的光泽和良好的电导性。非金属有形成同素异形体的倾向，特别是硫和碳这两种元素；而准金属和近一半的普通金属，同样也拥有同素异形体。

一些碳的同素异形体

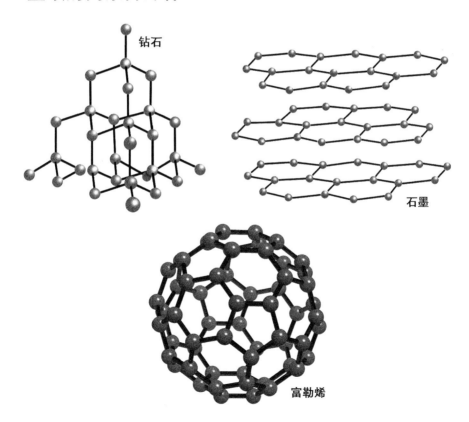

钻石

石墨

富勒烯

这一大块提纯硅来自一种长约2m的超纯单晶

准金属

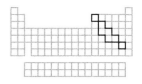

有时准金属被称为半金属或类金属，是一种属性介于金属与非金属之间的"中间"元素。这种介于金属与非金属之间的模糊界定可以看出人们并不愿意将它们进行分类，实际上，所有的元素都有一定程度的金属和非金属属性。因此，准金属只能被模糊地界定了。6种准金属：硼、硅、锗、砷、锑和碲。钋、砹、硒、铝和碳也可以被当作准金属。所有的准金属，都位于元素周期表锯齿对角线这个存在争议的区域中，并将金属与非金属元素隔开。虽然准金属很像金属，但它们却表现出了非金属材料的化学性能。纯硅带有光泽，但和金属不同的是，它是易碎的，没有可塑性。与非金属一样，大多数准金属不导电，但有些准金属会在特定条件下导电，这一特性使它们在电子应用中被用作半导体材料。

纳米材料

对许多化学家而言，"纳米"没什么大不了的，毕竟，化学就是每天以纳米（1m 的10亿分之一）为单位来研究原子和分子的。然而，当前的热点是纳米技术以及设备的微细加工。所谓纳米粒子，是比普通原子大10到1000倍的粒子。在这个尺度下，物质的表现方式及性质会不同寻常，与普通物质完全不同。

碳纳米管是一些微小的管状物，由单原子石墨片卷曲而成。它们是目前已知的最坚硬的材料。铜在小于50纳米的尺度时，也会变得极其坚硬。在这种尺度上，它的光学性质、电学性质都会发生改变；由于铜的表面积增大显著，其溶解度、扩散性也有了很大的变化，可以形成悬浮液。神秘莫测的纳米材料，或许可以在人工光合作用、太阳能和"量子点"电子等方面大有作为。

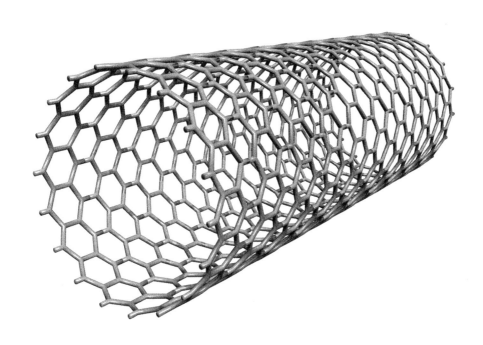

元素周期表的发展

冥冥之中，是否存在着一定的规律，这是一个古老的问题。古希腊哲学家们认为只有逻辑和推理才能帮助我们理性分析原因、探究和谐的宇宙。那时，冶金工作者、铁匠、矿工和炼金术士研究物质，珩磨化学技术，并开始撰写关于"纯"物质的清单。

18 世纪出现了成功的分类系统，如林奈的自然系统，它强调了"元素自然系统"的必要性。但是，由于原子量测量不准确以及元素与化合物的混淆，按类型来归类化学元素的做法结果令人沮丧。1869 年，德米特里·门捷列夫（Dmitri Mendeleev）周期表（见第 32 页）解决了这些问题。周期表揭示了一些元素的隐藏模式（和一些缺失的元素），甚至还预想到了 20 世纪才发现的原子结构。

原子理论

古希腊哲学家留基伯（Leucippus）也许是第一个提出世界由微小的不可分割的粒子组成的人。然而，他的学生德谟克利特（公元前460—公元前370）常被认为是"原子理论之父"。德谟克利特设想将一块奶酪切割一半，然后又切一半，重复进行。他认为这个过程应该有一个限度，直到奶酪无法再切分为止，这样就能得到奶酪的本质了。

德谟克利特的原子论（原子这个词，来自ATOMOS，意思是"不可切割"）有很多形容词：固体有厚实的、密集的原子，液体很滑，而盐和酸有棱角锋利的原子。虽然这种世界观禁不起推敲，但是它的哲学基础是坚实的，就是那些肉眼不可见却无处不在的原子。1803年，约翰·道尔顿重新回归原子主义原则，他意识到这些原则可以帮助他解释化合物模式（见第28页）。然而，原子的物理现实观念直至20世纪才得以证实。

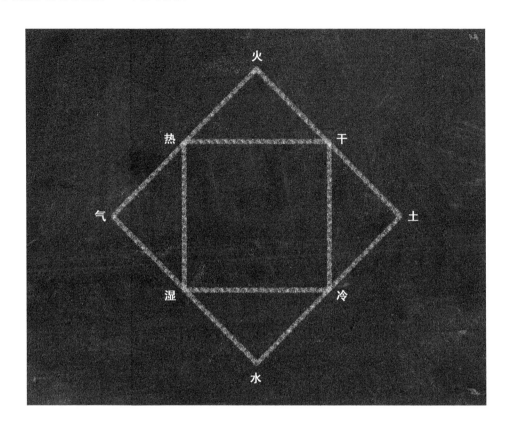

古典元素理论

古希腊哲学家亚里士多德（公元前384—公元前322年）完全反对德谟克里特的原子论。他认为宇宙中的4种要素可以将一切物质进行归类。所有的物质都介于干、湿、热、冷之间并能与传统的4种"元素"（土、气、火、水）一一对应起来。火又热又干，水又冷又湿。4种基本特性与4种要素足以完整地描述地球上的物质。为了让这一图景显得更完整，亚里士多德添加了自己发明的新元素：来自于天空的元素"以太"。

亚里士多德遵循他的老师柏拉图的观点，认为元素在现实世界中并不存在。实际上，它们是实际物质所渴望的理想形式。在此模式中，物质的特性是物质变化的动因，例如加热又冷又湿的水会产生又热又湿的气。物质的行为也可以预测，因为气和火通常会向上移动，而土和水则会向下移动。

炼金术

古希腊哲学家对实际问题并不感兴趣，于是，可悲的是早期的工业化学只能躲在这些学术巨匠的阴影之下。这些行业被统称为炼金术，它们着重了解物质的性质、掌握操纵物质的艺术。所有的文化里都有炼金术存在，也许最初只是为了解释金属的存在形式，或是对提炼金属的方法产生了兴趣。炼金术本身充满了神秘色彩，但是炼金术的各种操作方法被记载下来，变成了学术论文。

这些炼金术士，并没有使任何一个国家产生现代化学。中国的道士发明了火药，寻求长生不老药以获得永生，而希腊-埃及的炼金术士们则追求制造黄金的梦想。中世纪阿拉伯学者贾比尔·伊本·哈杨（Jabir ibn Hayyan，721—815）和拉齐（Al-Razi，854—925）开创了许多化学的基本技术。

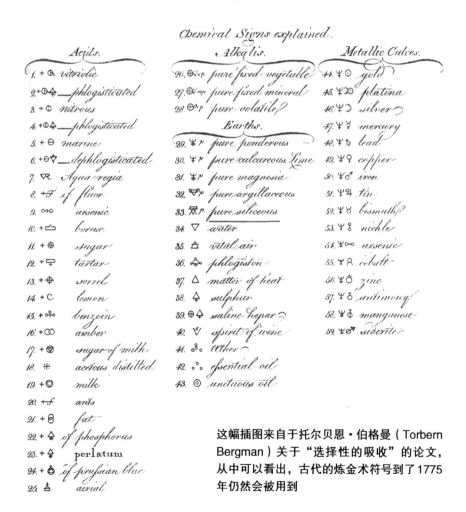

这幅插图来自于托尔贝恩·伯格曼（Torbern Bergman）关于"选择性的吸收"的论文，从中可以看出，古代的炼金术符号到了1775年仍然会被用到

25

魔法石

在亚里士多德的古典元素世界里，所有的物质都是可以转变的。对于具有某种理想特性的汞合金而言，只要改变其内在特性，它就能转化成另一种金属。炼金术士们对于"普通金属变黄金"的想法非常痴迷，而实现这一壮举的神秘要素，就是魔法石。

破产的德国商人亨尼格·布兰德（Hennig Brand，1630—1692）被这种想法所"蛊惑"。寻求魔法石的过程吞噬了他所有的财富。1669年，他首次提取出了磷。他兢兢业业的熬干了50大桶的人尿液，结果只得到120g（4.2盎司）的白磷。与白磷空气接触时，它发生了自燃，放出了耀眼的白光，但摸上去却感觉冰冷，这让他感觉不可思议。然而，布兰德一心只想努力变出黄金，他却从未意识到，他是世界上首个发现磷这种元素的人。

普劳特假说

1 9世纪之交，化学已远离了炼金术。著名的法国"化学之父"安托万·拉瓦锡（Antoine Lavoisier，1743—1794），**认为化学反应过程中质量从来没有被创造或丢失过（正如炼金术士所希望的一样）。另一位法国化学家，约瑟夫·普鲁斯特（Joseph Proust，1754—1826）发现任何给定的化合物都具有相同质量比例的元素。**

这些发现使化学元素的概念不断发展，在化学反应形成化合物的过程中，改变的只有元素的排列和组合。1815年，英国人威廉·普劳特（William Prout，1785—1850），则假设所有元素都是原始的、简单的氢原子的整倍数。尽管越来越精确的相对原子质量测量已经证明，这个观点并不正确，但是他的观点对质子的发现起着重要作用。事实上，如果不是因为同位素（见第37页），普劳特的假设将精确到1%以内。

元素

符号	元素	值	符号	元素	值
⊙	氢	W	✦	菱锶矿	46
⊖	A: otc	5	✦	重晶石	68
●	碳	54	Ⓘ	铁	50
○	氧	7	Ⓩ	锌	56
☮	磷	9	Ⓒ	铜	56
⊕	硫	13	Ⓛ	铅	90
◔	镁矿	20	Ⓢ	银	190
⊗	石灰	24	ⓐ	金	190
⊜	苏打	28	Ⓟ	铂	190
⊜	钾碱	42	✦	汞	167

原子量

英国化学家约翰·道尔顿（1766—1844），根据1808年自己提出的定比定律，首次尝试测量元素的相对质量。当元素结合形成化合物时，它们会形成简单的整数比。

为了计算出结构，道尔顿做了许多关键假设。他假定任何给定元素的"终极粒子"必须是相同的。根据拉瓦锡的质量守恒定律，化学反应中原子不可再分割、生成或破坏。这是最早的现代原子理论，它使原子与元素的结合具有重大的哲学意义，这些元素由同类原子组成。同时，道尔顿还列出了一个清单，其中包括了30种元素。他标明了每个元素的质量，并为每个元素设计了一个元素符号（尽管这些符号晦涩难懂）。这样，人们就能按照化合物里所包含的各种元素的比例，用化学式将它们表达出来。

元素模式

1818年，瑞典化学家伯齐利厄斯（Jöns Jakob Berzelius，1799—1848）列出了常见元素以及他发现的新元素的原子量清单。他的观点推翻了普劳特假设（见第27页），他认为元素并非氢的简单倍数，反而支持道尔顿的原子理论及其倍比定律的观点。

德贝赖纳（Johann Wolfgang Döbereiner，1780—1849）发现锶的重量正巧处于钙和钡之间。这是"德贝赖纳三组定律"的第一组。他认为卤素：氯、碘，以及碱金属：锂、钠、钾也都存在这种规律。他将元素的化学特性与物理特性联系起来，宣布了三组定律。这是化学元素周期表的前身，元素的化学性质在可预见的间隔内重现。然而，因为很多元素并不符合这个模式，所以这个三组定律未被广泛认可。

德贝赖纳三组定律

	轻元素	重元素	平均重量	中间元素
A组	锂 7.0	钾 39.0	23.0	钠 23.0
B组	钙 40.0	钡 137.0	88.5	锶 87.5
C组	氯 35.0	碘 127.0	81.0	溴 80.0

一些含有相似化学特性的元素有相关的原子量

氢	氟	氯	钴/镍	溴	钯	碘	甲烷/铱
锂	钠	钾	铜	铷	银	铯	钛
锗	镁	钙	锌	锶	镉	钡/钒	铅
铍	铝	铬	钇	铈/镧	铀	钽	钍
碳	硅	钛	铟	锌	锡	钨	汞
氮	磷	锰	As	Di/钼	锑	铌	铋
氧	硫	铁	硒	Ro/钌	碲	Au	铱

纽兰兹对元素的排布表
（Di 及 Ro 这两个元素符号，在现代化学中已不再使用——译者注）

纽兰兹的八音律

1862年，久负盛名的法国地质学家贝吉耶·德·尚古尔多阿亚（1820—1886）设想出了一种根据元素化学特性来排列元素的方法。他的"地球物质螺旋图"将元素以重量递增的顺序排列在一个带子上，然后再把带子呈螺旋状地缠绕在特定粗细的柱子上。这样，性质相似的元素就会竖直地排列在一条线上〔每16个元素处（这有些类似于恺撒密码的原理——译者注）〕。约翰·纽兰兹（John Newlands，1837—1898）指出以这种方式排列元素，每8处就会出现同类属性的元素（周期性为7，是因为当时大家还不知道惰性气体的存在），就像音乐音阶一样。他将62个已知元素分成7组，每个原子标上数字以表示其质量的增加。虽然如今这被公认为化学元素周期律的起源（见第29页），但在当时，纽兰兹1864年所提出的八音律却被大家嘲笑。同行们对他的发现无动于衷，认为把元素按原子量大小进行排列简直就是无稽之谈，甚至有人揶揄纽兰兹说："要是他能按字母顺序排列这些元素就更好了。"

德米特里·门捷列夫

脾气暴躁的大胡子俄国化学家德米特里·伊万诺维奇·门捷列夫（Dmitri Ivano-vich Mendeleev，1834—1907），化学历史上的巨人，这个化学界的"爱因斯坦"创造了化学元素周期表，科学界的重要图标之一。他的伟大成就离不开他母亲的勇气和决心：他的母亲玛丽亚·德米特里民夫娜（Maria Mendeleeva）一心向往着让儿子上大学，她带着年仅15岁的门捷列夫长途跋涉，从西伯利亚到圣彼得堡，在俄罗斯四处奔走。

截稿期限催生出奇迹。1869年，出于对元素进行归类的迫切性，也为了完成他职业生涯中那本重要的化学教材的第2章内容，门捷列夫终于总结出元素周期律和元素周期表。在漫长的火车旅行中，他的63副"元素卡"纸牌伴随着他，他尝试不同的组合方式，这可能是最有成效的纸牌游戏。不过，门捷列夫总是声称，自己的灵感来源于梦中。

Ueber die Beziehungen der Eigenschaften zu den Atomgewichten der Elemente. Von D. Mendelejeff. — Ordnet man Elemente nach zunehmenden Atomgewichten in verticale Reihen so, dass die Horizontalreihen analoge Elemente enthalten, wieder nach zunehmendem Atomgewicht geordnet, so erhält man folgende Zusammenstellung, aus der sich einige allgemeinere Folgerungen ableiten lassen.

			Ti = 50	Zr = 90	? = 180
			V = 51	Nb = 94	Ta = 182
			Cr = 52	Mo = 96	W = 186
			Mn = 55	Rh = 104,4	Pt = 197,4
			Fe = 56	Ru = 104,4	Ir = 198
		Ni = Co = 59		Pd = 106,6	Os = 199
H = 1			Cu = 63,4	Ag = 108	Hg = 200
	Be = 9,4	Mg = 24	Zn = 65,2	Cd = 112	
	B = 11	Al = 27,4	? = 68	Ur = 116	Au = 197?
	C = 12	Si = 28	? = 70	Sn = 118	
	N = 14	P = 31	As = 75	Sb = 122	Bi = 210?
	O = 16	S = 32	Se = 79,4	Te = 128?	
	F = 19	Cl = 35,5	Br = 80	J = 127	
Li = 7	Na = 23	K = 39	Rb = 85,4	Cs = 133	Tl = 204
		Ca = 40	Sr = 87,6	Ba = 137	Pb = 207
		? = 45	Ce = 92		
		?Er = 56	La = 94		
		?Yt = 60	Di = 95		
		?In = 75,6	Th = 118?		

1. Die nach der Grösse des Atomgewichts geordneten Elemente zeigen eine stufenweise Abänderung in den Eigenschaften.

2. Chemisch-analoge Elemente haben entweder übereinstimmende Atomgewichte (Pt, Ir, Os), oder letztere nehmen gleichviel zu (K, Rb, Cs).

3. Das Anordnen nach den Atomgewichten entspricht der *Werthigkeit* der Elemente und bis zu einem gewissen Grade der Verschiedenheit im chemischen Verhalten, z. B. Li, Be, B, C, N, O, F.

1869 年，德国期刊《化学杂志》（*Zeitschrift für Chemie*）刊登了元素周期表，让世人第一次目睹了元素周期表的真面目。门捷列夫最重要的发现之一是原子量决定了元素的化学性质

门捷列夫元素周期表

门捷列夫周期表将化学元素有序排列。通过共同的化学性质将元素分组，他列出了顶部较短、底部较长的非常规模式。这正好与德国化学家劳尔·梅耶（Lothar Meyer，1830—1895）所绘制的周期趋势（物理性质的重复模式）相匹配。梅耶独立研究出了化学元素的周期性规律（见第 29 页），但发表的时间比门捷列夫晚了一年。为了让已发现的元素适合自己的规律，纽兰兹不得不将某些元素硬塞进去（见第 30 页），而门捷列夫却有勇气为那些当时还没被发现的元素预留空位。门捷列夫甚至冒着风险，声称某些当时公认的原子重量是不准确的。他预测了新的元素，以及这些元素的质量。随后，1875 年他发现了类铝（镓），在 1879 年发现了类硼（钪），在 1886 年发现了类硅（锗），这些发现都与他的预测相符，遂引起了巨大轰动。元素周期律是关于物质本质的全新发现，而不单单是元素归类的新方法。

电子的发现

1 9世纪末，几位杰出的科学家激动地宣布伟大的物理学研究已近完成，剩下的工作就是提高测量的准确度，即精确到"小数点后第6位"。然而，随后那几年的新发现表明，物质的真实面目并未得到充分的理解。

1897年，约瑟夫·汤姆生发现，与约翰·道尔顿坚不可摧的原子论截然相反，他认为粒子很容易剥落。从"真空管"装置负端流出的神秘射线由离散的带负电荷的极轻粒子组成。他发现了 β 辐射中的一个全同粒子，排除电荷来自于这些粒子的可能。因此，在最小的规模上，物质的描绘方式就必须从根本上改变，结果产生了所谓的"葡萄干面包"模型——带负电荷的电子随机分配，就像葡萄干嵌在一个面包上一样，这个"面包"带正电荷，并占据原子大部分质量。

α 粒子散射实验

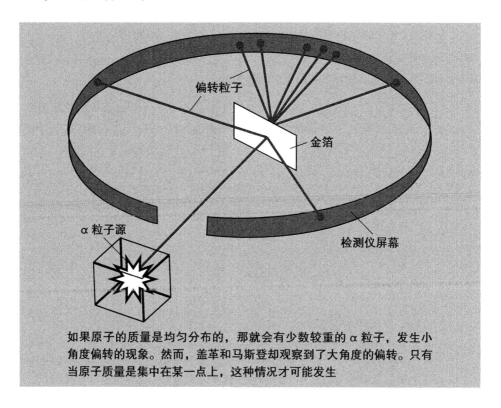

如果原子的质量是均匀分布的，那就会有少数较重的 α 粒子，发生小角度偏转的现象。然而，盖革和马斯登却观察到了大角度的偏转。只有当原子质量是集中在某一点上，这种情况才可能发生

原子核

1911年，盖革-马斯登实验是物理学中最美丽的实验之一，实验旨在探测原子的结构。在伟大物理学家欧内斯特·卢瑟福（1871—1937）的指导下，盖革（Geiger）和马斯登（Marsden）向薄薄的金箔片上发射 α 粒子。根据汤姆逊"布丁"模型（见第33页），如果正电荷质量均匀分布在金原子上，那么带正电荷较重的 α 粒子会发生小角度偏转。然而，探测器拾取了一些大于90°的 α 粒子。卢瑟福说："太难以置信了！这就像你用一门15英寸口径的大炮，对着一张餐巾纸开了一炮，可炮弹却反弹回来，打伤了你"。

α 粒子散射实验表明，原子的质量主要集中在原子核里，令人觉得不可思议的是，物质中99.9999999999999%的部分是空的。为了让这个最新的发现更生动形象，卢瑟福假设出一个原子"太阳系"模型，电子就像是"行星"，围绕着位于中央"恒星"原子核运行。

波尔模型

科学家们对卢瑟福的原子"太阳系"模型（见第34页）嗤之以鼻，认为该模型不足以解释原子是如何结合的，也不能解释原子是如何形成化合物的。例如，大家都知道加速的电荷能发出光，所以运行轨道中的电子（需要朝中心以恒定的加速度运行）会发光、失去能量并被无情地螺旋进入原子核。而对于物质在微小尺度结构上的新发现，显然就需要一个新的物理理论来加以阐释。

为了解释氢的非连续的吸收谱和发射谱（见第50页），1913年，波耳（1885—1962）提出，电子在原子核周围占据了固定的或"量化"的能级或"价层"。每个价层具有一定数量的电子，一层填满之后又去填充下一个价层。光谱线能体现出一个电子"飞跃"到外价层的吸收的精确能量，或当电子回落到能量较低的层级过程中所释放出来的能量。

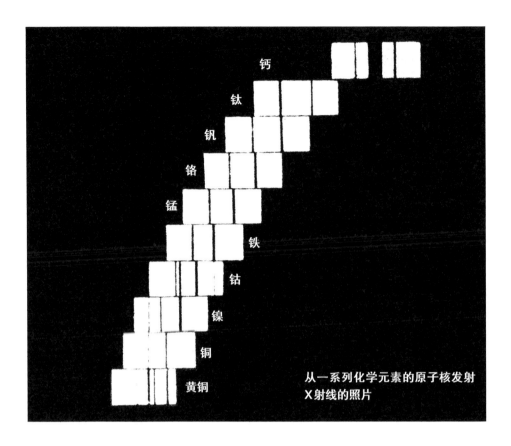

钙

钛

钒

铬

锰

铁

钴

镍

铜

黄铜

从一系列化学元素的原子核发射X射线的照片

原子序数

1913年，年轻的英国物理学家亨利·莫塞莱（Henry Moseley，1887—1915）解决了困扰大多数19世纪化学家们的难题。例如，元素周期表的形式内，是否存在着本质的、内在的联系？还是说周期表只不过是一个元素的购物清单？周期表按照原子量的增加进行排序，里面包含了很多琐碎的不一致，但是，莫塞莱认真研究了元素释放的X射线谱的特征。他发现X射线波长的平方根有一个明确的级数，这表明某种最基本的东西在元素之间转变。元素的原子序数（周期表上的号数顺序）之前被认为是微不足道的，但是莫塞莱揭示出了元素序号所隐藏的秘密，他指出了元素基本的、可测量的特性。他推测原子序数应该与原子核中的质子数量一致，他还指出周期表当时还空缺着几个元素，分别为原子序数43号（现在名叫锝）、61号（钷）和72号（铪）等。

同位素

原子外部相同但内部却不同，这是英国物理学家索迪（Frederick Soddy，1877—1956）提出的同位素概念（意为"同一地点"）。同位素即具有质子（和电子）数量相同但中子数量却不同的化学元素。大多数元素由同位素混合而成，例如，大约每6400个氢原子就有一个额外的中子。这最终解释了为什么原子质量实验值有时任性无序：任何元素的平均原子量，是它包含的各种原子的原子量的平均数。某些情况下，重同位素很不稳定并具有放射性（见第7页）。

原子的"质量数"，是质子和中子数的总和，但同一元素的同位素之间可能会不同，比如同位素碳12、碳13及碳14。同时，这种元素的"原子量"的定义，是通过把该元素的平均原子量，和碳-12原子（它因为原子量是12而被称为"碳12"）比较而得到的。

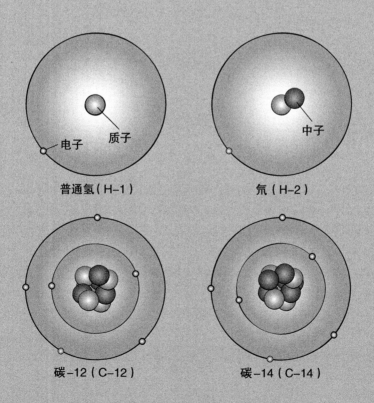

普通氢（H-1）　　　　氘（H-2）

碳-12（C-12）　　　　碳-14（C-14）

核链式反应

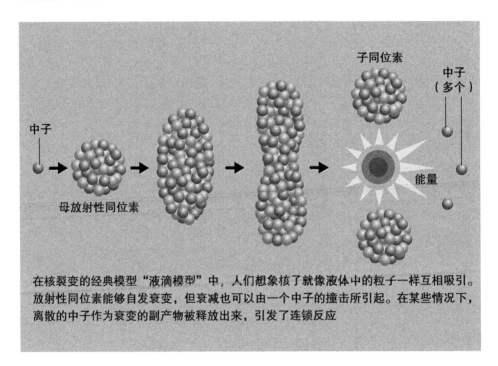

在核裂变的经典模型"液滴模型"中，人们想象核了就像液体中的粒子一样互相吸引。放射性同位素能够自发衰变，但衰减也可以由一个中子的撞击所引起。在某些情况下，离散的中子作为衰变的副产物被释放出来，引发了连锁反应

原子核分裂

原子核分裂在 20 世纪早期的几十年里还是悬而未决的想法。索迪（Soddy）和卢瑟福（Rutherford）发现放射性元素可以自发地衰变成另一种元素，由此实现了中世纪的炼金术士的梦想。索迪认为，如果能证明元素会改变，那么人们这么做并不是为了获得黄金，而是为了获得元素改变的过程中所释放的能量。然而，卢瑟福却怀疑此过程是否能释放任何有用的能量，因为他认为在实践中，原子核分裂所需要的能量远比释放出来的能量要多得多。1938 年，德国核化学家奥托·哈恩（Otto Hahn）（1879—1968）因发现了铀裂变而获得了诺贝尔奖（然而，诺贝尔委员会并未承认莉泽·迈特纳也参与理论计算）。随即，世界迎来了原子核能和核武器时代，奥托·哈恩开辟了元素周期表的新纪元，使得人们能够人工合成比铀重的元素。

优先发现权的争议

元素周期表一直存在着剧烈的分歧和争论。处于成败关头的科学家们争先恐后地进行研究，这场你追我赶的竞争结果关系到个人信誉和国家荣辱，谁能拔得头筹谁就能永存青史：谁先发现周期表，谁就有命名权并获得所有荣誉。为此，各种卑鄙的行为比比皆是。

　　人格魅力在这场争论中起着重要作用。迈耶（Meyer）和门捷列夫（Mendeleev）都发现了元素的周期规律（见第32页），但德国人却优雅地将优先发现权让给了俄罗斯人。而法国化学家安托万·拉瓦锡（Antoine Lavoisier）却号称自己在1775年独立分离出了氧气，尽管英国人约瑟夫·普利斯特里（Joseph Priestley）已经在1年前就这么做了。普莱斯利甚至把自己的制作方法告诉了拉瓦锡，但这个法国人却坚持说他是把氧气作为新元素来阐述的第一人。此外，瑞典化学家卡尔·威尔海姆·舍勒（Carl Wilhelm Scheele）3年前就成功隔离气体，但却在1777年才发表这一结论。

几个世纪以来，金纳米粒子一直被艺术家们使用。它散射在玻璃等材料上时因为在原子轨道上电子与光的相互作用而产生明亮的颜色

量子物理与周期表

周期表的伟大在于它第一次概括了宇宙的元素以及它容纳新科学发现的能力。它的第一排有两个元素——氢和氦。接下来的两排都是每排8个元素，而下一排要长得多，共有18个元素。历史上，2、8、8、18个元素的排列顺序很简单，元素按原子序数和共同的化学性质来排序，但量子物理学揭示了更深层的意义。

原子中的电子（见第3页）有固定的、量化的能级，每一个能级可以容纳一定数量的电子（由元素的发射谱与吸收谱所显示——见第50页）。此模式与周期顺序相匹配，第一价层或能级持有两个电子，下一价层持有8个电子，以此类推。价层里电子的运行轨道同样决定了现代元素周期表的特征——价块（见第94页）。

元素的化学

炼金术士、化学家和物理学家已经努力研究物质的本质上千年：元素从何而来？它们是如何分布的？以及是什么决定了它们的化学性质？我们对第一个和第二个问题的最佳答案是：最轻的元素在大爆炸后不久就出现了（见第42页），中等重量的元素则是在恒星中形成的，而最重的元素则是通过超新星爆炸被散播到了太空中的（见第43页）。宇宙中元素的相对丰度反映了这一顺序，尽管它们在我们太阳系中的分布受到了行星形成事件的影响（见第44页）。至于第三个问题，元素的化学习性现在可以根据它们的电子构型来理解（见第5页）。

1789年，法国化学家安托万·拉瓦锡阐述了元素的现代定义，这是一种不能用化学或物理方法简化的物质。在这样做的过程中，他为分离元素提供了一个实验性的途径，最终形成了一项超越自然存在元素领域的新发现（见第55页）。

尽管氧气先前曾被分离过，但安托万·拉瓦锡将这种物质解释为元素是一个转折点，这标志着现代化学的开始

轻元素的宇宙丰度

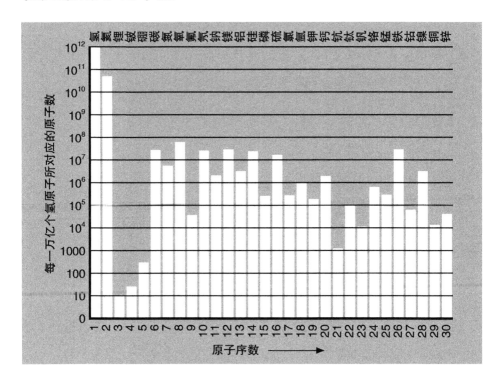

元素的宇宙丰度

产生宇宙的能量释放——所谓的大爆炸——产生了多种多样的亚原子粒子。大约10s后，一旦足够冷却，相互吸引的粒子就聚集到了一起形成氢原子的原子核（见第83页）。其中一些会融合在一起形成氦核和少量的锂核。这项大约20分钟的工作保留到了138亿多年后——原子几乎是永生的，而早期的氢与氦许多依然与我们同在，宇宙中元素的原始比例维持在氢74%、氦24%和其他一切1%。因此，天文学家把所有118个已知元素归类为氢、氦和"金属"。只有质量最大的恒星才会把比氢重的元素融合在一起（见第43页）：在这个过程中，带有奇数个质子的元素比那些带有偶数个质子的元素更有可能捕获一个额外的质子，这使得原子序数为偶数的元素的丰度比那些原子序数为奇数的元素要大得多。

恒星的核合成

恒星核合成理论解释了化学元素的起源及其相对丰度。1957年发表的一篇文章被亲切地命名为B²FH（作者是杰佛瑞·伯比奇、玛格丽特·伯比奇、威廉·富勒和弗雷德·霍伊尔，以他们姓氏的首字母来合成了这个题目），首次揭示了它们是如何在恒星的核心中融合的。

在恒星内部深处，氢核结合在一起形成氦。一个氦原子的质量比组成它的氢核的质量和要稍微小一点点，而这个多余的质量被作为能量释放出来。在耗尽了核心中的氢之后，更大质量的恒星会融合氦，接着是更重的元素，从而产生一直到铁元素（原子序数26）的更重的元素。然而最终，即使是最庞大的恒星也耗尽了可以融合的所有燃料。在这样的恒星怪物中，核心突然崩塌而超新星的冲击波将恒星撕开，产生了高温和压力，这短暂地允许元素周期表中的更重的元素被创造出来，并被散布在整个星际空间中。

一颗超新星会将大部分垂死恒星的物质散布到太空中。在爆炸的高温和猛烈中，比铁更重的元素被融合形成

地壳的组成

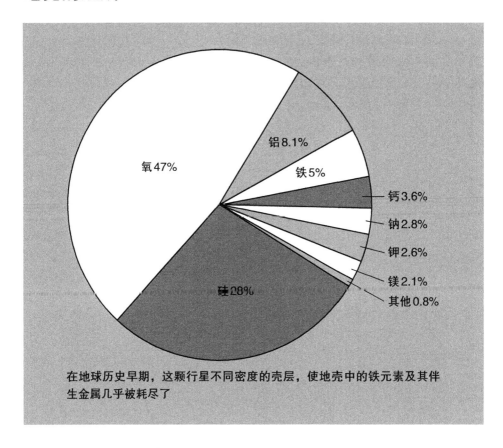

铝8.1%

铁5%

氧47%

钙3.6%

钠2.8%

钾2.6%

镁2.1%

其他0.8%

硅28%

在地球历史早期，这颗行星不同密度的壳层，使地壳中的铁元素及其伴生金属几乎被耗尽了

地球内部的元素

地球上的情况与太空中的情况大相径庭。地球表面最丰富的3种元素是氧、硅和铝。它们结合形成了地壳的稳定硅酸盐矿物。地球上最常见的元素铁，是地壳中的第4大元素，其原因可以追溯到46亿年前。

太阳系是由一大片气体和尘埃云形成的，这些气体和尘埃在自身的引力作用下下落。当太阳诞生在其中心时，年轻恒星的强烈辐射将轻的挥发性气体驱赶到了太阳系的远端：这就是为什么靠近太阳的行星是岩石的，而那些远离太阳的行星则形成了气态巨行星。在地球形成过程中释放的能量足以使整个地球融化：铁元素等重元素下沉到地核，而所谓的"亲铁元素"（如镍等亲铁的金属）也随之沉降。科学家认为，地球上元素的独特平衡在生命的起源过程中扮演了至关重要的角色。

天然元素矿物

我们确认是元素的物质中只有13种是古人所知的。这些"天然元素"被发现时不与其他任何物质掺杂，以矿物质（自然存在的无机物质）的形式出现。液态汞可以从另一种矿物朱砂中渗出，而硫则在火山喷气孔周围形成纯晶体。其他以矿物形式发现的非金属包括亲近的孪生元素砷和锑。碳在140~190km深处形成晶体状的钻石，在接近地球表面处形成石墨。

其他几种金属被发现时，可能并未和其他物质化合，那就是铜、锌、银、金、锡、铋和铅。然而，地球强大的氧化性大气层意味着大多数金属最后都变成了氧化物或硫化物。原生锡是非常罕见的，而地球上唯一未被氧化的原生铁在来自于外层空间的铁镍陨石之中。自然存在的合金包括银金矿（一种金和银的混合物）和白金（一种组成不确定的铂族金属混合物）。

火山喷气孔周围的硫沉积物

炼铁炉内

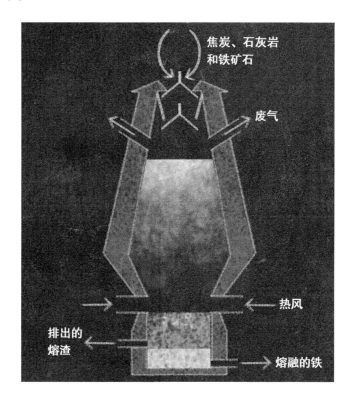

焦炭、石灰岩和铁矿石

废气

热风

排出的熔渣

熔融的铁

冶炼

大多数金属元素不是在它们的原生状态中被发现的，而是被锁在岩石内部的矿物质中。矿石是含有高比例金属的矿物，它们是现成的而且从中提取金属是经济的。大多数是氧化物或硫化物，而提取过程或者说"冶炼"过程就是使用化学反应来分离它们。

第一阶段是煅烧，去除所有硫和碳，留下氧化物。然后，通过与碳（通常是以焦炭或木炭的形式）一同加热来除去氧。碳与氧结合形成二氧化碳，以气体的形式逸出熔炉。添加一种焊剂，例如萤石，可以降低矿渣（废料）的温度，减小它的粘性，使其更容易被分离。锡和铅是第一批被熔炼的金属元素——来自土耳其的安纳托利亚的用铅铸成的珠子，被发现可以追溯到公元前6500年左右。如今，金属通常在熔炼前被浓缩并在随后提纯——现代电解精炼可以炼99.99%纯度的铜。

气体的发现

发现我们周围的不可见气体是感知飞跃之一，它们周期性地出现在科学中，要求我们彻底改变对世界的看法。扬·巴普蒂斯塔·范·海尔蒙特（1579—1644）创造了"气体"这个词，他推测，在被烧毁后，木头和烧尽之后的余灰之间的质量差异是由一些无实体的气态物质散失到周围所造成的。亚里士多德只承认一种气体元素——空气——但我们现在认识11种在标准条件下是稳定气体的元素。第一种是"空气"，氢，在1766年被亨利·卡文迪什（1731—1810）分离提纯。他是一名所谓的"气体化学家"，开创了用金属与酸反应，并通过水或水银收集反应释放出来的气体的技术。卡文迪什还展示了标准空气有几种不同成分，但用"燃素"来对其进行解释——这是一种火一般的物质，促进了燃烧。安托万·拉瓦锡的"化学革命"（见第41页）是由于认识到氧气是一种元素而到来的。

地球大气的成分

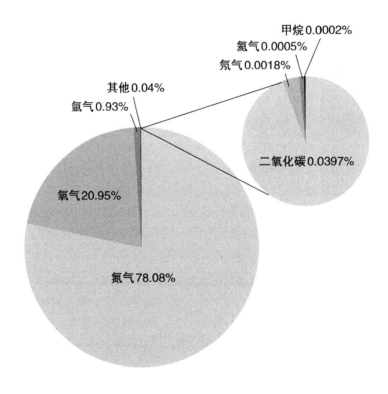

甲烷 0.0002%
氮气 0.0005%
氖气 0.0018%
其他 0.04%
氩气 0.93%
二氧化碳 0.0397%
氧气 20.95%
氮气 78.08%

英国药剂师化学家威廉·刘易斯
的实验室，C.1760

氧化物的还原

对于18世纪的"药剂师化学家"来说，要将矿物矿石分离成它们各自的组成部分，并通过试验加以检测，方法就是将这些氧化物，或者说"岩土"，进行还原反应。为了达到许多金属形成氧化物所需要的高温，需要精细易碎的玻璃吹管，这一方法被保留下来，并成为了矿物分析工具的一个标准部分，直到20世纪X射线矿物分析发展起来。由于大多数性质都可以由氧化物确定，所以通常不会尝试分离元素。

那些在后来消失的巨人名字包括安德烈亚斯·马格拉夫（1709—1782，锌的发现者）、卡尔·威尔海姆·舍勒（1742—1786，钼、钨、钡、氢和氯的发现者）和马丁·海因里希·克拉普罗特（1743—1817，锆、铀和钛的发现者）。他们和其他一些人开发了精密的方法，用于分析矿物中化合物，其中值得一提的是重量分析法，这需要对化学反应的反应物和生成物进行仔细称重。

电解作用

在所有元素发现中，最有成果的10年是1800年—1810年。当时，第1族和第2族金属的强束缚化合物终于屈服于新发现的电气的力量。最有效地运用这力量的人是汉弗莱·戴维（1778—1829）。这位英国化学家使用亚历山德罗·伏打新发明的电池，用电能来敲打金属氧化物，直到它们分裂成它们的组成元素。戴维使用这种技术分离了多达6种新元素——钾、钠、钡、硼、钙和镁。

这一被称为电解的方法包括在熔化的离子物质或溶解的离子盐中通入直流电。液体中的带电离子携带电，导致它们向带相反电荷的电极移动。这样就可以把化合物分开，然后在每个电极上收集组成元素——这是一种不会自发发生的化学反应。永斯·雅各布·贝采利乌斯使用这一方法发展了电化学的理论。

一个电解槽

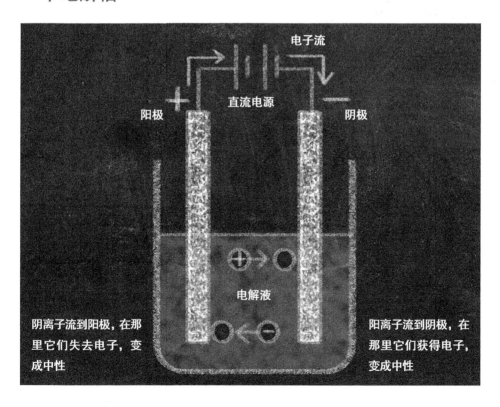

电子流

直流电源

阳极　　　　　　　阴极

电解液

阴离子流到阳极，在那里它们失去电子，变成中性

阳离子流到阴极，在那里它们获得电子，变成中性

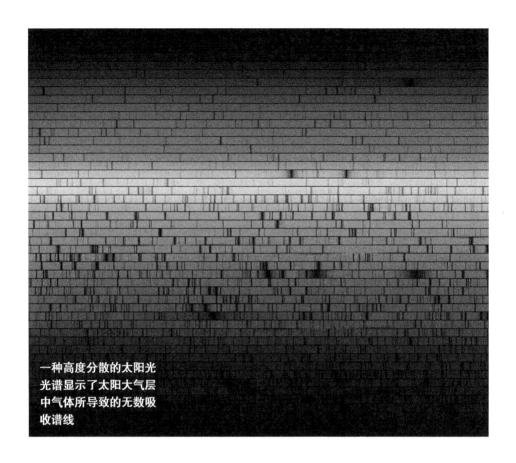

一种高度分散的太阳光光谱显示了太阳大气层中气体所导致的无数吸收谱线

光谱学

1860年，罗伯特·本生（1811—1899）和古斯塔夫·基尔霍夫（1824—1887）发展了光谱学，这使得我们可以通过发射或吸收光的特征频率来识别元素。当物质被加热时，电子会吸收能量以获得激发态，然后当它们回到"基态"时，会再以电磁辐射的形式释放出相同数量的能量。

被吸收（和发射）的频率取决于原子的电子排布，因此每一种物质都有它自己特定的吸收和发射光谱。本生和基尔霍夫发现了两种新元素——铯（以其独特的天蓝色光谱线命名）和铷（带有标志性的红线），从而圆满完成了他们的发现。最终，这项技术让发现15种新的稀土元素成为可能，并引发了对某些历史"发现"的质疑。

我们可以分析来自太空中物体的光，看看它们是由什么构成的，这就导致了一种重要的新元素在太阳中被发现，那就是氦（见第84页）。

蒸馏液态空气

用于分离空气的不同部分的方法被叫作分馏。分馏柱依赖于液体混合物中不同成分的挥发性（沸点）差异，从而实现对它们的分离。在实验室里，液体在一个烧瓶中被加热，而蒸汽则在一个装满玻璃珠或金属环的柱子中上升。当蒸汽上升时，它会凝结在珠子上，然后再次蒸发，通常会反复很多次。每一次，气体都会富集挥发性成分，直到离开柱子顶部的"馏分"里只包含一种物质。随着温度的升高，这一操作重复进行，陆续分离出挥发性更弱的馏分。

18世纪的气体化学家们以这种方式，差点就分离出了氩气：有几个人报告说空气中有"惰性部分"，或者是密度稍高的"氮气"部分。直到1892年，通过液化空气，然后仔细地蒸馏，苏格兰化学家威廉·拉姆塞（1852—1916）成功分离出了氩气，最终发现了一族全新的元素（见第73页）。

蒸馏装置

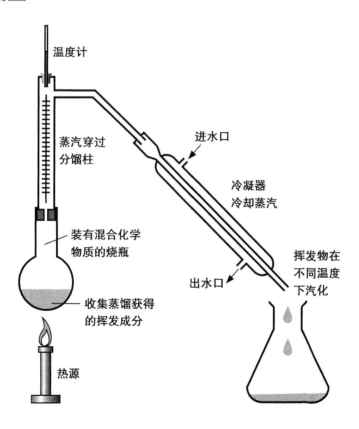

温度计

蒸汽穿过
分馏柱

进水口

冷凝器
冷却蒸汽

装有混合化学
物质的烧瓶

挥发物在
不同温度
下汽化

出水口

收集蒸馏获得
的挥发成分

热源

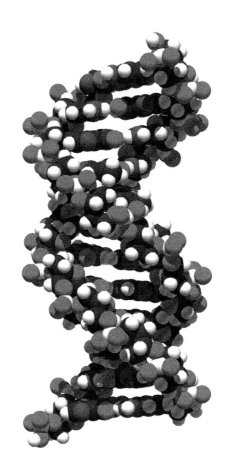

碳化学

目前，人类已经发现了1000多万种碳基的分子，碳化合物的多样性是如此令人困惑。它们的范围从烃类燃料、醇类和芳香酯到塑料聚合物、有毒的苯环和高科技的石墨烯。它们包含了基本的生物分子，如氨基酸和蛋白质，也包含了生命所需的形式和能量这两大支柱——DNA和ATP。毫无疑问，"有机"化学，也就是致力于研究这些化合物的学科，是一门完全独立的学科门类。

直到1828年，人们几乎想当然地认为有机化合物具有某种内在的"生命力"。然而，当弗里德里希·维勒（Friedrich Wöhler，1800—1882）使用无机物中合成出尿素时，他改变了这一切。从那时起，对有机化学物质的反应以及它们在细胞内的相互作用的研究帮助我们了解了生命系统的运作机制，模仿天然药物并设计新的药物。同时，工业合成含碳化合物，比如染料，又促进了石化工业的发展。

铝的分离

——些元素与它们的矿物紧密地结合在一起——其中17个"稀土元素"花了一个多世纪的时间，才被彻底分离出来（从1794年发现的钇到1947年发现的钷）。铝曾被认为很难从其矿石中分离出来：它在1808年被汉弗莱·戴维鉴别出来，但直到1827年，弗里德里希·维勒才分离出金属铝。即使到了19世纪80年代，纯铝的稀缺性也导致它的价格高于黄金，尽管它是地壳中的第3大的元素（见第44页）。

直到1886年，法国化学家保罗·埃鲁和美国化学家查尔斯·霍尔才用他们各自的独立发现，打破了铝的价格坚冰。这个发现是使用不同的电解质（见第49页）来溶解铝盐，从而使得电解变得更容易。在熔融的冰晶石（六氟铝酸钠）中电解矾土（氧化铝）产生熔融的铝，而这种"霍尔-埃鲁方法"，在今天依然是提取铝金属的主要方法。

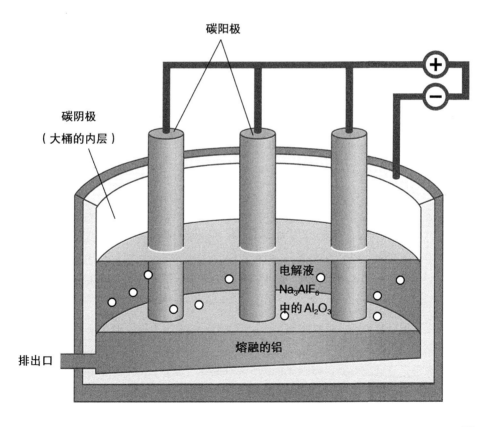

碳阳极

碳阴极
（大桶的内层）

电解液
Na_3AlF_6
中的 Al_2O_3

熔融的铝

排出口

放射性金属的发现

第一个实现分离放射性元素的技术，是在付出非凡的耐心和坚韧不拔的努力下产生的。在一个透风漏雨的棚屋里，皮埃尔·居里和玛丽·居里把放射性沥青铀矿成分，从一锅煮开的"汤"中分离出来，这个操作依靠的是"不同的化合物从热的混合物中结晶速率不同"的特点。一吨矿石只能产出0.1g氯化镭，但是法国物理学家皮埃尔和他的波兰移民妻子玛丽，以及后来他们的女儿伊雷娜的发现改变了我们对物质本身的认识。

玛丽·居里意识到，放射性沥青铀矿和辉铜矿的能量来自于单个原子的内部，这意味着原子本身很可能并非不可分割的；在这个衰变过程中，观察到元素改变了它们自己的身份，这就意味着，它们并非是不能改变的。事实上，元素的转变是自然发生的，甚至可以用来计算我们星球的年龄。

制造新元素

詹姆斯·查德威克（James Chadwick，1891—1974）在1932年发现了中子，从而使炼金术士的梦想最终成为了现实。

恩里科·费米（1901—1954）认为，通过把中子射入原子核，可以增加原子核的质量；而体积庞大的原子核更容易产生放射性衰变，从而改变质量和原子序数——从此，创造新元素的大门就开启了。格伦·西博格（1912—1999）和阿尔伯特·吉奥索（1915—2010）在20世纪40年代末开辟了使用中子在核反应堆中轰击的技术，产生比钚更重的元素，并在元素周期表上开拓了新的区域。然而，创造"超重"元素则需要更多的能量。在美国伯克利的欧内斯特·劳伦斯（1901—1958）使用一台1.5m的同旋加速器把阿尔法粒子驱赶到接近光速的速度，然后让其撞向靶标，从而产生了几个新元素。今天，对更重元素的探索是一项国际的合作，需要用到美国的劳伦斯利弗莫尔实验室，俄罗斯的联合核研究所（JNR），德国的重离子研究中心（GSI）和日本的理化研究所（RIKEN）的超重粒子研究设备。

格伦·T·西博格（左）和埃德温·M·麦克米兰（右）与1.5m的回旋加速器，他们用这台设备来发现钚、镎和许多其他的超铀元素

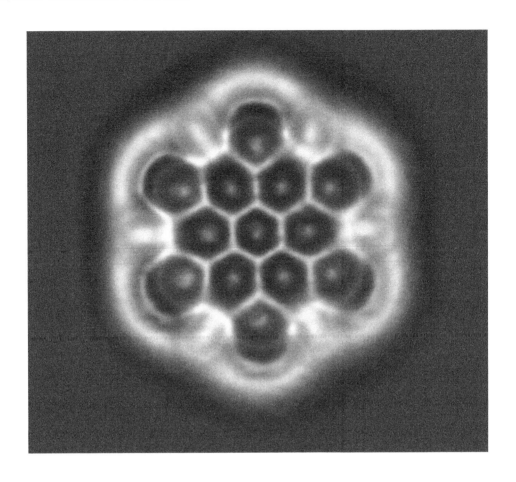

原子成像

原子，在其作为科学存在物的大多数时间里，一直只是个化学家和物理学家的概念性工具——用来解释反应机理、质量守恒，以及许多能量和物质间的相互作用。然而，在1981年，这种抽象性却被足以看见原子的能力所祛除。格尔德·宾宁（1947—）和海因里希·罗雷尔（1933—2013）用他们的发明——扫描隧道电子显微镜（STM）制作了第一张硅原子的图像。令人吃惊的是，他们还能操纵单个原子，将一些铁原子推入铜表面的圆形"围栏"中。

STM是原子显微镜领域的第一个仪器。它使用一种纳米尺度的"探针"来响应表面上的"粗糙度"。它能感知到光学显微镜达不到的分辨率，使力的变化被绘制成一张显示个别原子和它们之间相互作用的图像。2013年，研究人员使用STM首次对化学键的形成进行了实时观察。

元素周期表的模式

最初，周期表是以相同的化学性质作为编制的原则产生了相关元素的"化学家族"。其中，金属占据了75%的元素，分别归入碱金属、碱土金属、过渡金属、镧系和锕系，以及金属性不那么强的"后过渡金属"。（见第60、61、62、65、74和67页）。一个细细的准金属条带将金属和非金属元素分隔开来（见第18页），而惰性气体则跑到了周期表的最右边。

　　元素周期表可不是一个简单的表格，而是具有内在逻辑的构造，可以将以后发现的原子序数（见第36页）和电子结构（见第5页），同位素（见第37页）等理论都纳入其中。每个元素都有一系列的同位素，一种中位数，它们被门捷列夫称为"真元素"。而周期表就像是一张地图，指向了物质构成的基本单元，一目了然地揭示了元素的构成、行为和属性变化的途径。

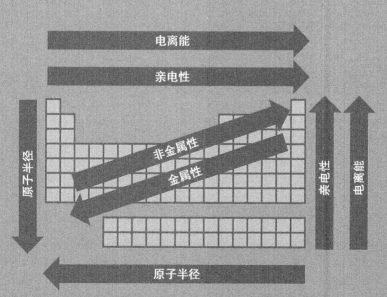

周期表的力量不仅仅是它如何排列这105种固体元素、11种气体元素和2种液体元素，而是它揭示了这些元素之间隐秘的关系和模式

周期

族 →

周期	1	2	3	4	5	6	7	8	9	10	11	12	13	14	15	16	17	18
1	H																	He
2	Li	Be											B	C	N	O	F	Ne
3	Na	Mg											Al	Si	P	S	Cl	Ar
4	K	Ca	Sc	Ti	V	Cr	Mn	Fe	Co	Ni	Cu	Zn	Ga	Ge	As	Se	Br	Kr
5	Rb	Sr	Y	Zr	Nb	Mo	Tc	Ru	Rh	Pd	Ag	Cd	In	Sn	Sb	Te	I	Xe
6	Cs	Ba	*	Hf	Ta	W	Re	Os	Ir	Pt	Au	Hg	Tl	Pb	Bi	Po	At	Rn
7	Fr	Ra	**	Rf	Db	Sg	Bh	Hs	Mt	Ds	Rg	Cn	Uut	Fl	Uup	Lv	Uus	Uuo

6	*	La	Ce	Pr	Nd	Pm	Sm	Eu	Gd	Tb	Dy	Ho	Er	Tm	Yb	Lu
7	**	Ac	Th	Pa	U	Np	Pu	Am	Cm	Bk	Cf	Es	Fm	Md	No	Lr

族和周期

元素周期表，常常是以垂直的列作为"族"、水平的行的形式作为"周期"来布局的。老师常常会告诉小学生们，组成人体的主要元素，就是以锂、铍、硼、碳、氮、氧、氟和氖为首的一系列元素，就是周期表上的第1号~第8号元素为首的族。然而，如果我们需要讨论处于第2族、第3族之间的10个过渡元素的族时，这个体系就会变得一团糟了（见第62页）。国际纯粹与应用化学联合会（IUPAC）认可了第1~18号元素的系统命名法，以避免这种混乱。而镧系元素和锕系元素（见第65页和第74页）则落入第2族和第3族之间。周期表从第1周期开始，这个周期只有2个原子，而第7周期却有32个元素。原子序数随着周期而增加，相当于每格里的元素，原子核里增加一个质子。每个周期的不同元素个数对应了每个连续能级所持电子的最大数目。每一族中的元素具有相同的价电子壳层结构（见第5页）。

区

与族、周期类似，元素周期表里还有一个隐秘的特征，那就是位于某个区域内的元素，被称为"区"。与"类型"（碱金属、碱土金属、过渡金属、非金属等）的宽泛分类相比，"区"是根据这些元素的电子构型来分类的，因而具有更深刻的意义。

这些"区"的名字来自于其中最高能级的电子所驻留的轨道的代称。周期表中总共有4个区：s区（第1、2族），最外层电子占据s轨道；p区（第13~18族），价电子位于p轨道；d区（第3~12族）以d轨道上的电子命名；以及f区，镧系和锕系元素，它们的最外层电子占据了f轨道。氦元素则是一种反常的现象：它的价电子都在s轨道（填满了第一层电子壳层），却和第18族的p区元素挨在一起。区的位置，实际上反映了元素的电子轨道的填充顺序（见第5页）。

元素周期表上的区

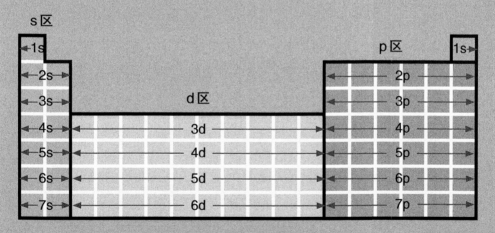

把钾丢进水里，它会产生剧烈的反应

碱金属

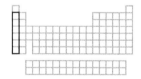

第1 族元素位于周期表的最左侧，是由一些质地柔软、密度较轻、活泼的金属组成的。其中的大多数金属都很轻盈，可以漂浮在水上；而当它们被切开时，新的表面上会短暂的显示出闪亮的光泽（它们很容易与空气反应，形成一个暗淡的氧化层）。这些金属在自然界中从未被发现过它们与其他元素结合时保持原型，因为它们必须被保存在油或惰性气体之中，才能阻止它们和其他物质发生反应。

碱金属是一种彼此相似的元素，和周期表上的许多其他族元素相比，这一族的元素具有更大的家族相似性。它们的反应活性，来源于它们价电子壳层中的单个电子，这些元素会很热情地丢掉这个价电子，以获得一个填满电子的最外层电子层。这些金属可以把水分子撕开，放出氢气，留下一个强碱性的金属氢氧化物（这一族的名字就是这么来的）。这一族的元素反应活性朝下依次增强：锂加入水中会呲呲作响；钾遇水则发生爆炸，产生紫色的火焰；铯是周期表里反应活性最强的金属元素。

碱土金属

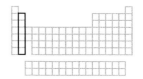

铍、镁、钙、锶、钡和镭是另一族低密度、低熔点、低沸点，较为活泼的金属。它们和碱金属一样柔软、闪亮，同时也很少在自然界以原形存在。它们会形成稳定的氧化物（古人称之为"土"），是地壳的重要组成部分。和活跃的第1族邻居相似，第2族的金属也会和水发生反应，但并不会发生爆炸：它们的原子核中多一个质子，会把s轨道上的电子拉得稍微紧一些，也就需要稍微多一点的能量才能将这个电子拽开，因而降低了反应活性。不过，一旦变为携带 ±2 电荷的阳离子，它们的活性也是很高的。

而铍，则是碱土金属中的一个局外人。它相当坚硬，难以变形，熔点也相当高。镁和钙在地球化学与人体中都起着重要的作用，锶也是如此。镭在周期表中占有特殊的位置，它是人类找到的第一个放射性元素，于1898年被发现。

翡翠，是碱土金属的矿物——绿柱石的一种形式

整体上说，像镍这样的过渡金属，反应活性要比碱金属或碱土金属的反应活性低得多

过渡金属

过渡金属是具有共同化学性质的元素的自然组合。它们往往是致密的、坚硬的金属，熔点和沸点都较高。它们是热和电的良导体，容易形成合金。许多过渡金属可以催化化学反应。传统上，它们占据元素周期表的中间区域（第3~12族），虽然这个边界有些模糊。

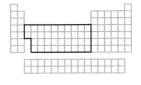

有时候，过渡金属也被定义为"壳层中有未填满的d轨道的元素"，但这个定义就排除了第12族元素（锌、镉、汞），因为这些元素具有全满的d轨道。像这样的难题就告诉我们，对于周期表来说，不把两个不同的概念混为一谈是非常重要的———一个是基于化学性质，一个是基于电子层结构。得益于它们的价电子提供了一个可供选择的范围，过渡金属可以形成各种各样的化学组合，包括复杂的离子和丰富多彩的化合物，虽然它们并不是唯一拥有这种特性的元素。

贵金属

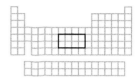

在过渡金属的大族中，有一个更小的元素集合，共享相似的元素性质。这就是"贵金属"元素，"贵"的意思是反应活性低、耐腐蚀，和第18族（见第73页）的惰性气体遥相呼应。和所谓的"贱金属"不同，它们在潮湿的空气中也不会氧化。贵金属包括：钌、铑、钯、银、锇、铱、铂和金，这个家族的名单中，有时候还会加入汞、铼和铜。

这些元素，都属于最致密、最稀有的金属。因为它们相当稀缺，又不会生锈，所以它们变得很有价值，例如用来制造珠宝首饰，或作为资产储备。贵金属之中还包括高价值的铂族金属（PGMs），也就是钌、铑、钯、锇、铱和铂。这些元素有非常多的用途，特别是在工业生产中作为催化剂。它们的抗气体渗透的特性也让它们成为制造超高真空设备的首选材料。

尽管铂金过去曾被认为是"不成熟的黄金"，但是今天的它已经被视为"永久"的象征了

造币金属

第11族的元素（铜、银和金）通常被称为"造币金属"。这是一个由文明和历史意义所定义的特征，而不是依据它们的化学、物理性质。为了保证货币能够流通30年，造币的材料应当是不活泼的，具有可塑性（柔韧而不脆）、耐磨性，而金属就是明智之选。

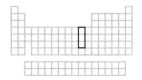

　　历史上，货币是用高价值的金属铸造的。只是在近些年，铸造货币的金属本身的价值已经超过了货币的面值，所以才有了使用较为廉价的元素来铸币的这种改变，以避免可能遇到的问题。例如，"铜板"不再含有高比例的铜：美国的美分硬币是铜包锌，英国的便士则是钢镀铜。美国著名的"镍五分"硬币含有25%的镍，但这种白铜合金正在逐步淡出市场，因为金属镍的价格上涨了。本质上价值较大的金属，例如金银，如今大多被用作价值收藏，收藏在官方或私人银行的保险柜里。

镧系元素

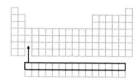

镧系元素是15种金属元素组成的一系列元素，它们的性质惊人地相似。首次发现它们，是在1787年的瑞典小镇于特比（Ytterby），芬兰化学家约翰·加多宁（1760—1852）从硅铍钇的矿石中首次发现了它，并为它取了名字。8个元素的命名都与于特比、加多宁或斯堪的纳维亚有所关联：钇、镱、铽、铒、钆、铥、钬和铥。

镧系元素位于周期表的第6周期，但它通常是单独显示在主表下方的两行元素之一。这是因为要把镧系元素全部"展开"来标示的话，它就太长了，放在原来的位置上就显得太过臃肿，不便于使用。它们通常被称为f块元素（见第59页），因为它们的价电子开始填充外层的f轨道。当被切开时，它们会有银亮的光泽，但很快就会在潮湿的空气中暗淡下来。稀土元素是一类在经济上很重要的金属，包括镧、钪和钇等，它们的合金被用于制造强大的永磁磁铁，被用在风力发电机、核磁共振成像仪、移动电话和计算机上。

在瑞典的于特比，那个曾发现了钇的采石场已经被废弃，作为一个历史纪念地点保留

铋是一种致密的金属，熔点低。它有自发形成漂亮的阶梯状晶体的倾向

后过渡金属

后过渡金属是这样的这样的一类元素：它们没有过渡金属那样的未充满的 d 轨道，却有一些性质和过渡金属是相同的。在周期表上，它们位于过渡金属和非金属元素之间，即 d 区的右侧。对于后过渡金属，并没有一个单一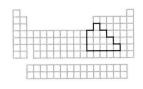

的定义方式，它们的"边界"元素取决于金属和非金属元素之间的界限究竟要画在哪里？传统认为的后过渡金属包括镓、铟、铊、锡、铅和铋元素，但这个集合也可以扩大到包括第 12 族的元素，即锌、镉和汞，以及铝、锗、锑和钋元素。第 7 周期里的放射性元素（鿔、Uut、鿬、Uup、鿭、Uus 和鿬），也可能属于"后"元素。尽管后过渡元素也有一些金属性，但它们往往更柔软、更不结实、密度更低，导热性和导电性也要差一些。它们还有较低的熔点和沸点。

有毒的重金属

重金属是指那些密度很高，并且在较低浓度下就能对人类产生毒性的金属或非金属元素。铅、汞、镉和砷，这些可能是环境污染物中最臭名昭著的了。尽管许多重金属在地球上储量很稀少，但采矿和工业运用等活动产生的废弃物让这些重金属元素集中起来，达到了有毒害的程度。

在采矿作业中，常常使用重金属来提取贵金属。这些重金属会在尾矿和封闭的池塘中逐渐富集起来，并会渗入土壤，或者流淌出去。煤炭中也含有重金属，当煤炭燃烧时，这些重金属就会被释放到空气之中，或者是集中到烟尘里。而电池是铅、镉和镍的来源。地下水中的天然砷污染则是亚洲、南美和美洲部分地区要面对的主要问题。重金属会干扰人体的生化活动，附着在生物大分子上，并妨碍它们正常运作。它们会在植物和动物体内聚集起来，进而通过食物链将浓度逐渐提高到对人类有危险的水平。

明矾的晶体（硫酸铝钾晶体）

硼族元素

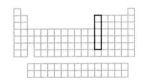

在硼族元素里，硼自己反而是一个奇怪的存在。其他的元素，例如铝、镓、铟和铊元素，都是柔软、银亮的弱金属。而硼正好相反，它是一种坚硬的非金属元素。大体上说，硼是不活跃的，而第13组其他元素则很容易与其他元素结合。硼族元素在矿石和各种矿物质中大量存在，例如，铝元素在地壳里的储量就排到第3名。该族元素的外层电子壳层里都有3个电子，有时候也因此被称为"第三族"或"二十面体"。沿着周期表的第13族往下，元素的金属性和反应活性都依次增强。因此，铟和铊是真正的金属，而铝和镓既可以形成离子键，又可以形成共价键。这一趋势，在第14、15和16族元素中也能看到，这可以用该族元素的原子尺寸逐渐增大来解释：硼元素的外层电子都被它的原子核紧紧抓住，缩小了它的尺寸，降低了它的反应活性；而较重的原子之中，内层电子壳层对原子核产生了屏蔽作用，让价电子被吸引得少一些，所以原子尺寸更大、反应活性更强。

碳族元素

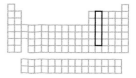

碳族元素，因为易形成晶体，又被称为晶体元素，它更像是一个各种元素的集合，而不像是一个家族。它们唯一的共同之处，在于它们都拥有4个价电子，也因此被称为"四面体"元素。

在第14族元素中，顺着周期表向下，元素金属性随之增加，例如光泽、延展性、导热和导电性能。碳元素作为这一族顶部的元素，是一个非金属；而硅和锗则属于准金属，性质介于金属和非金属之间。锡和铅则是彻底的金属。因此，这些较重的碳族元素倾向于形成阳离子（氧化态可以高达+4价），并和非金属元素形成离子键，也可以失去它们的价电子而形成金属键。碳和硅则更倾向于形成共价键，特别是碳元素（它是生命的关键元素），拥有如此多样化的成键形式，以至于化学的分支"有机化学"，完全就是在研究碳元素（见第52页）。

一块未加工的钻石原石以及含有钻石矿的金伯利岩层

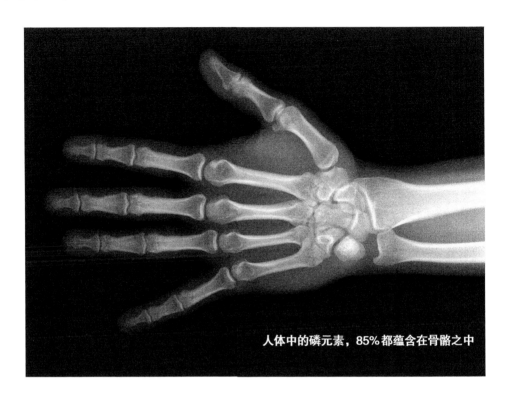

人体中的磷元素，85% 都蕴含在骨骼之中

氮族元素

第15族的元素，有时候也会偶尔被称为"pnictogens"，这个发音奇怪的称呼主要是指氮气的"窒息"或"扼杀"的性质。作为一种惰性气体，氮气可以有效地熄灭火焰。相反，磷却是高度活跃的，白磷可以在空气中自燃，被制成各种可怕的燃烧类武器，例如火柴头上包裹的一团物质里就含有红磷的成分。

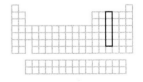

氮族元素和炼金术有深远而神秘的渊源。铋和磷都是由炼金术士发现的（见第 26页）。而砷是从古老的矿物质——雄黄和雌黄中分离出来的；锑矿矿石——辉锑矿，则是"希腊火"中的重要组成部分，那是一种古老的燃烧类武器。和该区域的其他很多族元素一样，氮族元素的性质是多变的，包括了两个非金属元素（1 个是气态的，1个是固态的）、两个准金属和一个金属元素。它们拥有 5 个价电子，因而能够形成多种形式的化学键。

氧族元素

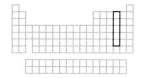

第16族元素被称为"产生矿石者"，也被称为"chal-cogens"（此处的"ch"发音，类似于chemistry里的ch）。这一族元素几乎都是非金属元素，并包括两种储量丰富的元素：氧和硫。在这一族元素之中，正是氧和硫与地球上的许多金属资源形成了稳定的氧化物和硫化物，从而产生了世界上最重要的几种金属矿石，并将金属元素牢牢锁定。氧元素是目前地壳中含量最丰富的元素，任何被暴露于大气或水体中的物质都会立即遭到这种这种反应活性强、电负性强的元素的攻击。多数物质都会迅速变色，形成一层氧化层。

碲（见后页）是一种非金属元素。对于硒到底是金属还是非金属，目前有不同的看法，而钋的归属目前还不清楚。这种多样化的性质，可以用电子结构来解释：氧族元素的外层有6个电子，因此，一个氧族元素的原子可以通过获得2个电子来填满最外层电子，形成一个−2价的离子。然而，它同样可以失去4个电子，在它的s轨道里只剩下2个电子，甚至可以丢掉最外层的全部6个电子。

碲是一种非典型的元素，位于一个多样化、非典型的化学元素族中

尚未结合之前的卤素非常活泼，而结合
之后的含卤素化合物却与之相反，特别
的不活泼。比如，这些化合物中就有特
氟龙（聚四氟乙烯）和能够阻燃的有机
溴化物

卤素

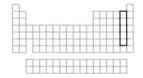

周期表右起第2列元素，标志着我们早先提到的一些元
素族的性质回归：同一族的元素，类别是统一的。第
17族的卤素都拥有极其相似的性质，形成了一族不守常规
的非金属元素。它们的最外层电子壳层仅仅需要再分享一
个电子，就能实现完全填满的状态，这就意味着，它们非常愿意通过任何手段来获取
一个电子。这种"窃取"电子的行为被称为"电负性"，电负性最强的元素就是氟。
由于这种力量（以及金属原子愿意给出电子的倾向），第17族的卤元素通常都是作为
离子化合物中的负离子（见第11页）。

　　氟和氯都是气态元素，而溴则是元素周期表中，常温常压下的两种液态元素之一
（另一个是汞元素——译者注），碘和砹则是固态的元素。砹属于最稀有的放射性元素
之一，而超重卤素元素Uup䬢，迄今为止只在粒子加速器的试验报告中出现过。

惰性气体

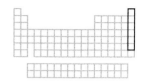

第18 族元素是一个反常的存在。周期表的大多数元素族并不含有标准状态下的气体；即便是那些少数情况，一个族里也就一两个最轻的元素属于气态。然而，惰性气体，也就是氦、氖、氩、氪、氙和氡元素，都是气态的。在地球的大气层中，氩气所占比例很小，却是一个很重要的组成部分。氡是最重的惰性气体，有高度的放射性。这一系列全新的化学元素的发现是一个巨大的科学突破，主要贡献者是苏格兰化学家威廉·拉姆齐（William Ramsay，见第 51 页）。而门捷列夫并不太相信它们真的存在（尽管这种存在符合他发现的周期表法则），因而漏掉了预测这一族元素。惰性气体在元素周期表的末端一侧，具有极端惰性的特征，这主要归因于它们的电子壳层是填满的，因而具有稳定性。它们都是"理想"的气体，单个原子之间彼此的吸引力极小，所以熔点和沸点都很低（见第 77 页）。虽然惰性气体在过去曾被认为是完全惰性的，但在 1962 年，英国化学家尼尔·巴特利特（Neil Bartlett，1932—2008）成功地合成了六氟合铂酸氙这个化合物。

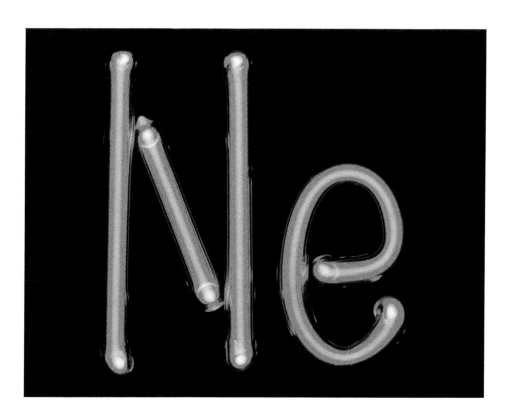

1945年，被投掷在广岛和长崎的两枚核弹通过锕系元素铀和钚的不稳定同位素的核裂变反应，展示出了它们恐怖的爆炸威力

锕系元素

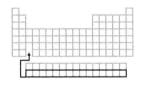

锕系元素是 f 区元素的第二行（见第 59 页）。它们出现在第 7 周期，但通常显示在周期表下方，与镧系元素一起单独列出（见第 65 页）如果把这些元素放在第 2 族和第 3 族元素之间，则它们与其他剩下的元素的联系就会变得清晰起来。但那样的话，周期表就显得太宽了，看起来不方便。

从锕（第 89 号元素）到铹（第 103 号元素），这些重元素都带有放射性。锕系元素中的 4 种，即锕（锕系元素因此而得名）、钍、镤和铀，在地球上天然存在。钍和铀的半衰期（元素样品，通过放射性衰变而减少一半所需的时间）很长，以 10 亿年作为单位，因而在地球上找到的储量很可观。而被称为"锕系少数派"的元素，在地球上的存量则微乎其微，主要就存在于高度放射性的核废料之中。钚（见第 176 页）是最常见的锕系元素，它是铀元素在核反应堆中被轰击时产生的。

后锕系元素

后锕系元素是一系列比铹（第103号元素）更重的金属元素。它们有时候也被称为超铀元素，意思是这些元素比铀（第92号元素）更重。这些超重元素的所有原子都是人工合成的：通过让不同元素的高能粒子撞在一起而产生。它们都具有高度的放射性，衰变迅速，通常会在几分之一秒内消失（最稳定的一种同位素，半衰期为28小时）。不用说，用实验来检测它们的化学性质是不可能的，大部分性质都是通过理论推断而来。国际纯粹和应用化学联合会（IUPAC）坚持认为，如果某个元素要获得它的官方认可，则必须持续至少10^{-14}秒（即10飞秒——译者注）才行。如果某个元素在这个时间之前就已经完全衰变了，则它将被视为从未存在过，因为它根本没有足够的时间来形成一个电子云。因此，有好多人宣称合成了第118号元素，但都需要经历一个艰难的批准过程。格伦·西博格（见第55页）发现了镧系和后锕系元素，也提出过一个"超锕系元素"系列，即原子序数在第121号~第155号之间的元素。

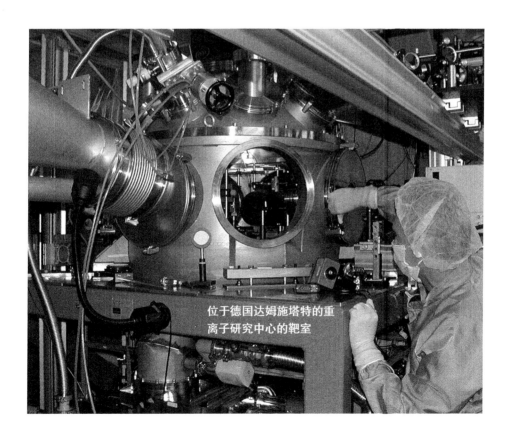

位于德国达姆施塔特的重离子研究中心的靶室

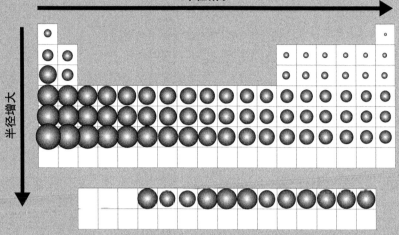

原子尺寸

要测出一个原子的直径，可不仅是把它放在一台威力强大的显微镜下观察那么简单。首先，它们只会存在于化合物或单质之中。它们的膨胀或收缩取决于它们和其他原子之间的相互作用，无论它是作为共价键的组成部分，还是作为离子或金属晶格的一部分而存在。通常而言，键长的一半被作为原子的半径，但因为共价键的两个原子，往往都会有部分电子云"重叠"在一起，原子间的共价键的长度可能会小于两个原子半径之和。目前也还没有办法能够直接测算出金属和非金属的原子，在共价键长度中分别占多大的比例。尽管有这些技术上的困难，但有两点是很清楚的：原子的半径在同一个周期中越往左越大，在同一族中则越往下越大。第一个趋势，是因为随着原子越来越重，电子壳层就变多了，而电子的屏蔽效应，也起到了一定的作用（电子屏蔽效应指的是靠内的电子壳层对于原子核的吸引力有所屏蔽，则靠外的电子层受到的吸引力就减小了）。随着周期表的推移，电子层逐渐被加到同一个价电子的壳层里。屏蔽效应是可以忽略的，与原子核中的质子越来越多，就会把价电子层的电子给吸引进去。

熔点和沸点

熔点和沸点指的是某个物质的状态变化时的温度，也就是说，状态变化就是物质从固态变成液态，或是从液态变成气态，等等（见第9页）。它们都可以被视为衡量一个物质中各个键所含能量的尺度，因为是这些键把物质聚拢在一起，所以只有克服掉这些键之间的作用，物态变化才会发生。那些原子通过形成离子键、金属键而产生的物质，熔点和沸点都会很高，因为它们之间有强大的静电力作用，这种作用朝向各个方向；即使是在液体之中，各个原子之间的吸引力也比较强。相比之下，由共价键构成的物质，分子间的作用力较弱，只需要吸收外部的一点能量就会变成液体。例如，氦是一种单原子分子的气体，分子之间的吸引力微不足道，所以它在所有元素中熔点最低，接近于绝对零度（约等于-273.15℃——译者注）。不过，这个规则如果要普遍应用，还是得留心例外情况：金刚石是所有元素的单质中熔点最高的，却也是依靠共价键结合而形成的。要打破金刚石那强大的晶格所需要的温度高达3642℃，此刻，它就会升华，直接从固体变成气体。

水中的氢键

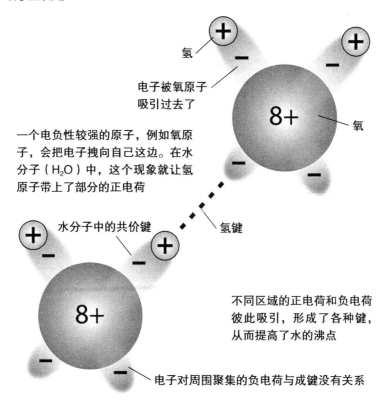

氢

电子被氧原子
吸引过去了

一个电负性较强的原子，例如氧原子，会把电子拽向自己这边。在水分子（H_2O）中，这个现象就让氢原子带上了部分的正电荷

8+

氧

水分子中的共价键

氢键

不同区域的正电荷和负电荷彼此吸引，形成了各种键，从而提高了水的沸点

8+

电子对周围聚集的负电荷与成键没有关系

电负性

电负性描述的是一个元素对于电子的亲和力大小。也就是说，它对于电子的渴望程度以及它与电子结合的难易程度。这种性质常常会用"能力""意愿"这样的词汇来描述，虽然原子并没有自己的意志，但它们被认为"想要"获得一个完整的电子壳层。实际上，这只不过是一个热力学驱动的事件而已，如果某个特定的电子构型更加稳定，则一个系统就会很自然地倾向于实现该构型。

周期表左侧的金属元素，价电子壳层通常都达不到半满的程度，所以如果它要通过得到电子来填满壳层并使其稳定，就会比通过丢掉电子来实现这个目的花费更多的能量。因此，这些元素倾向于失去电子，而周期表右侧的元素则倾向于获得电子。当我们从左到右跨越一个周期时，电负性是随之增加的；而当我们从上到下游历一个族时，电负性则是随之减少的。因此，电负性最强的元素就是元素周期表右上角的元素——氟。而惰性气体的壳层电子是全满的，所以它们都没有电负性。

电离能

电离能指的是在气态下，将一个电子从某个原子中分离出来所需要的能量。也就是说，创造出一个带有1单位正电荷的离子所需要的能量。电负性是无法直接测量的（见第78页），而电离能则有所不同，可以用相对实验简单地测得。这两者的概念是不同的，但存在相关性：电离能越低，某个原子就越容易形成阳离子；相反，电负性越高，某个原子就越容易形成阴离子。

在同一个周期中，电离能随着原子数的增大而增大，结果就是让价电子壳层变得更加稳定。而在同一个族中，越往下则元素的电离能越小，这主要是因为内层电子壳层里的电子屏蔽了价电子，削弱了原子核里的质子对价电子的吸引力。这些趋势总结了电负性的变化，但贵金属没有电子亲和性，它们的电离能很大。这个电离能的峰值是出于这些元素有一个全满的电子壳层，相当稳定。

以原子序数排序的电离能

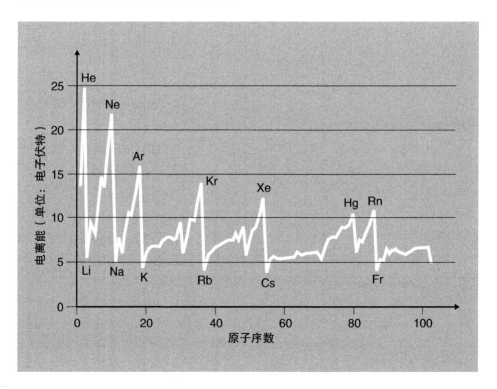

延展性，也就是把物质拉成细长线条的能力，是一种关键的金属特性

金属性

金属元素的原子能够形成金属键，从而使得成块的金属具有一些预期的属性，例如柔韧性、易加工性、良好的导热性和导电性。在周期表中，金属和非金属元素排列成两个阵营，就像是对垒的双方士兵——这给人留下了深刻的印象，但实际上金属与非金属之间的界限并不清楚，金属元素与非金属元素之间，存在着很大的过渡地带。

在任意一个周期中，从左到右，金属性逐渐变小，但并没有一个泾渭分明的鸿沟（第 1 周期中只有氢、氦两个元素，似乎不在此列——译者注）。在周期表中，d 区右侧的那些金属有时候被称为"贫金属"，金属性很弱；而非金属元素则沉醉于形成各种各样的化学键。在一个族中，越往下走，元素的金属性就会很自然地增加，这种模式可以用来源于电离能和电负性的变化趋势来进行预测。随着电离能的降低，原子形成一个带正电荷的阳离子的倾向就会增加，这就解释了第 13 族到第 15 族，非金属元素到金属元素的变化。

铁磁性

铁、钴和镍元素都有一种不寻常的特性：它们能够形成强大的永久磁铁，特别是在和镧系元素结合使用的时候。磁力，源自于电子的一个基本性质——自旋（绕着一根轴旋转），这是角动量的一种形式，而它带有的电荷也会随之一同旋转，从而产生一个微小的"磁矩"。在原子之中，电子们为了共享电子轨道，必须以相反的方向自转，因而一对电子所产生的磁矩往往会互相抵消。然而，在具有铁磁性的原子中，存在不成对的电子，它们的行为就像是一根根微小的棒状磁铁。它们会形成一个个有方向性的磁"域"，但通常而言，这些"域"的指向依然是随机的，所以整个材料看起来依然是没有磁性的。此刻，对它施加一个外部的磁场，这些微小的磁域就会突然排成一行，让这块材料变成永久磁铁，磁场强度也会增大。如果把一块磁性材料加热，超过了所谓的"居里温度"，就会让其中各个磁域的方向重新变得混乱，从而让磁性消失。铁磁元件在工业技术上非常重要，被用在发电机、电动机和磁性存储器件之中。

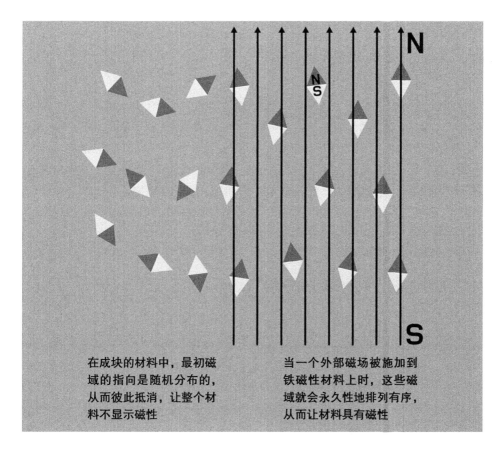

在成块的材料中，最初磁域的指向是随机分布的，从而彼此抵消，让整个材料不显示磁性

当一个外部磁场被施加到铁磁性材料上时，这些磁域就会永久性地排列有序，从而让材料具有磁性

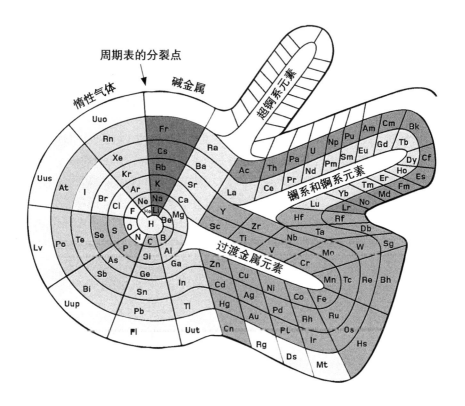

元素周期表的其他版本

尽管元素周期表已经被当作科学本身的一个象征，但它还是会周期性地招到批评。这其中主要的抱怨之一就是它有一项任务没能完成好：作为一个元素周期表，就应该用图形化的方式阐明一个核心概念——化学元素，会以特定的形式，体现出重复的模式来。然而，现有的元素周期表顶部的那个巨大缺口，无法展现这一点；而在每个周期（即每一个横排——译者注）末尾的"换行"，容易让人误认为"元素是一个不连续的序列"。

1928年，查尔斯·珍妮特（Charles Janet，法国科学技家、工程师，1849—1932）推出了"左台阶"版本的元素周期表，这是元素周期表的第一个替代表。该表以轨道填充的顺序来排列元素，从而产生的一些有趣的效果。例如，氦变成了第2族元素，而不是先前的第18族元素。而西奥多·本菲（Theodor Benfey），在1964年提出了"螺旋形周期表"，通常也被称为"蜗牛表"，则是把元素按照一个连续不断的螺旋之中，增强了周期表的观赏性。而费尔南多·杜福尔（Fernando Dufour）则在1979年提出了一个三维模型"元素之树"，也被称为"第二元素周期表"，从三个维度上，体现了元素之间的内部关系。

元素

氢

氢是原生元素——宇宙最初的元素，也是迄今为止最丰富的元素。1815年，英国化学家威廉·普鲁特假设所有的元素都是由整数个氢原子组合形成的（见第27页）。他的想法忽略了原子核的极端复杂性，但其迷人的简约性却揭示了一个深刻的事实：通过在恒星中的核聚变过程，氢会产生所有其他元素（见第43页）。宇宙中3/4的普通物质是氢——占到了全部原子的90%。

这种轻的、无色的气体很容易与几乎所有其他元素相结合。它的原子核内只有一个质子，很容易失去唯一的电子，并与溶液中的化合物解离而形成酸。这也使得氢气非常易燃，它可能最终会使我们不再依赖于化石燃料——要么直接燃烧，要么被用在燃料电池中发电。在地球上，氢气作为一种气体太轻了，很难在自然环境中被保留下来，但水里含有的氢元素却很丰富。

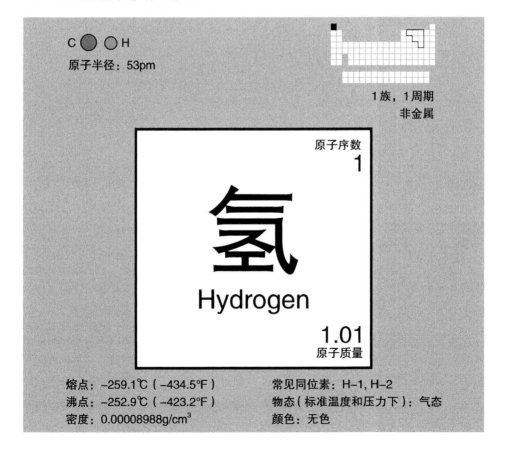

C ◯ ◯ H
原子半径：53pm

1族，1周期
非金属

原子序数
1

氢

Hydrogen

1.01
原子质量

熔点：-259.1℃（-434.5℉）
沸点：-252.9℃（-423.2℉）
密度：0.00008988g/cm³

常见同位素：H-1, H-2
物态（标准温度和压力下）：气态
颜色：无色

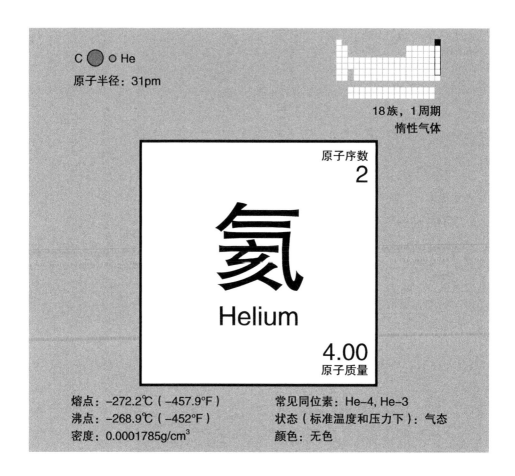

C ⬤ ○ He
原子半径：31pm

18族，1周期
惰性气体

原子序数
2

氦

Helium

4.00
原子质量

熔点：–272.2℃（–457.9℉）　　　常见同位素：He–4, He–3
沸点：–268.9℃（–452℉）　　　状态（标准温度和压力下）：气态
密度：0.0001785g/cm³　　　颜色：无色

氦

毫不夸张地说，氦是一种超凡脱俗的元素。1868年，皮埃尔·朱尔斯·詹森和诺曼·洛克耶独立地分析了阳光的光谱（见第50页），从而发现了这个奇怪的气体的特征谱线。直到1895年，氦才得以在地球上被探测到，这主要因为它的稀有，也因为作为稀有气体的低反应性（见第73页）。这种轻元素顽固地拒绝与任何其他元素形成稳定的化合物，但可以与那些被困在岩石中阻止逸出的天然气一起被收集起来。

　　宇宙中并不缺乏氦——它是丰度排列第二的元素，是由恒星核心的氢聚变反应产生的。氦以它在派对气球中的使用而闻名，它也是一种卓越的冷却剂——氦拥有所有元素中最低的熔点，液态的氦，在核磁共振成像设备和粒子加速器中，用于保持超导磁体的低温状态。在接近绝对零度的时候，氦变成了一种超流体，会具有非比寻常的特性，例如能够向上流动，甚至通过固态的物体。

锂

作为在大爆炸（见第42页）中产生的第三个元素，锂是最轻的金属，也是密度最小的固态元素，就像第1族其他几个元素一样，它可以漂浮在水面上。锂的最外层电子壳层里只有一个电子，它的活性很强（尽管比起它的碱金属兄弟们要弱一些），因此在地球上从来没有发现过未结合状态的锂元素。尽管储量相对稀少，但锂在世界各地仍分布广泛。

锂有多种商业用途。它的低密度意味着它能与其他金属结合，形成轻盈的合金。由铝锂合金制成的飞机和火箭骨架有助于降低重量，但仍然能够提供足够的强度。这种金属也被用作锂电池和锂离子充电电池的阳极，这种电池比其他大多数电池单位体积所产生的电压更大。尽管有轻微的毒性，但氯化锂对大脑有镇静作用，并被用于平衡双相情感障碍等令人不安的极端情况的治疗药物。

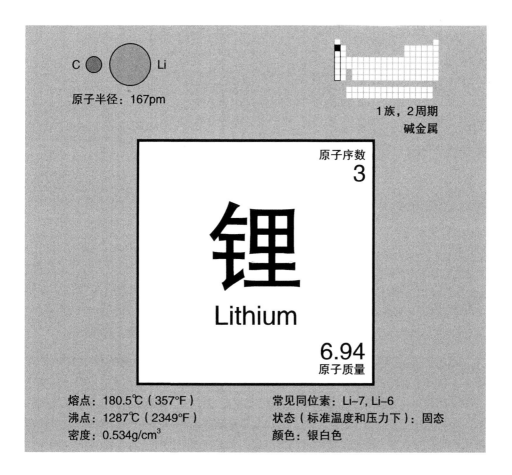

C ● ● Li

原子半径：167pm

1族，2周期
碱金属

原子序数
3

锂

Lithium

6.94
原子质量

熔点：180.5℃（357°F）
沸点：1287℃（2349°F）
密度：0.534g/cm³

常见同位素：Li-7, Li-6
状态（标准温度和压力下）：固态
颜色：银白色

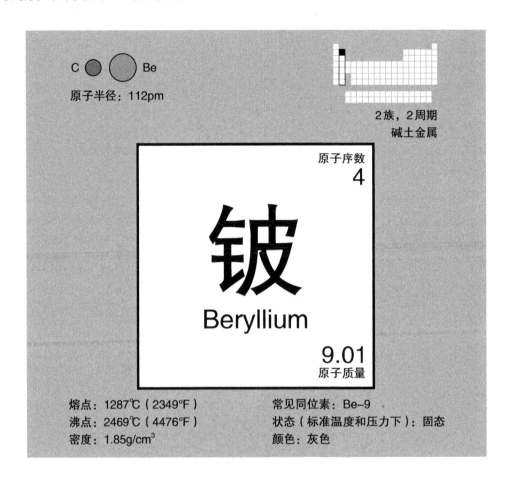

C ◯ ◯ Be
原子半径：112pm

2族，2周期
碱土金属

原子序数
4

铍

Beryllium

9.01
原子质量

熔点：1287℃（2349°F） 常见同位素：Be-9
沸点：2469℃（4476°F） 状态（标准温度和压力下）：固态
密度：1.85g/cm³ 颜色：灰色

铍

铍 是被宇宙遗忘的元素。它没有在大爆炸事件的巨大爆炸之中产生，也没有在恒星核心中发生的大部分核聚变过程被创造，这个第 4 号元素稀有而且分布稀疏。尽管如此，它形成了地球上最美丽的宝石之一——铍铝硅酸盐矿物，绿柱石。

生物体通常依赖于较轻的元素，但由于铍的稀缺，它在生命系统中是不存在的——事实上，即使是最小的剂量，铍也是有毒的。与它柔软的邻居们不同，铍是一种坚硬的金属，不受热量的影响——尽管铍对可见光不透明，但是它对 X 射线是透明的。全世界每年只提取大约 500 吨的铍，用于航天和科研等不考虑成本的场合。除了超轻合金，铜铍合金还能做成防火花的工具，在高度挥发性的环境，如油井中使用。

硼

作为其他金属元素中唯一的一个准金属，硼是第13族不具备代表性的排头元素。硼族的其他成员会失去3个价电子，从而欣然地在金属键化合物中成为带正电荷的阳离子。然而，更小的硼原子则更紧密地控制着它们的电子：因此，硼元素形成了共价键，导电性也因而很弱。在地球上，硼是由来自太空的高能宇宙射线活动产生的。尽管硼很罕见，但在许多矿物中都发现了它，咸水湖蒸发时所产生的硼砂是这些矿物中最著名的。

和碳和硫一样，硼有几个同素异形体。2009年发现的"伽马硼"几乎和钻石一样坚硬。氧化硼可以用来制造坚固的硼硅玻璃，用于制作耐热的餐具与光缆中的光导纤维，而用硼进行"掺杂"的硅是一种重要的半导体材料。硼也稳定了复杂的RNA分子，这些分子是DNA的先驱者，而且在地球上生命的进化中至关重要。

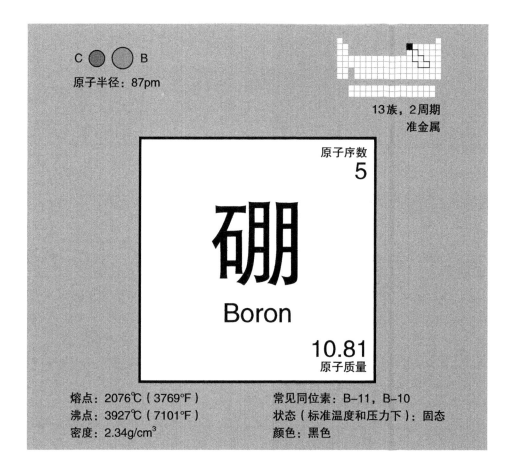

C ◯ ◯ B
原子半径：87pm

13族，2周期
准金属

原子序数
5

硼

Boron

10.81
原子质量

熔点：2076℃（3769°F）
沸点：3927℃（7101°F）
密度：2.34g/cm³

常见同位素：B-11，B-10
状态（标准温度和压力下）：固态
颜色：黑色

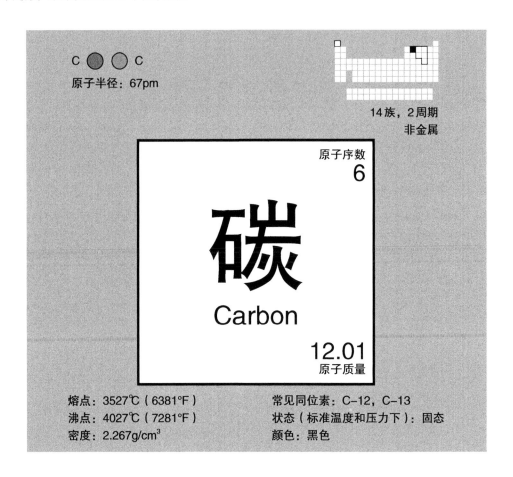

C ⬤ ⬤ C
原子半径：67pm

14族，2周期
非金属

原子序数
6

碳

Carbon

12.01
原子质量

熔点：3527℃（6381°F）
沸点：4027℃（7281°F）
密度：2.267g/cm³

常见同位素：C-12，C-13
状态（标准温度和压力下）：固态
颜色：黑色

碳

作为宇宙中第4大丰富的元素，碳元素在地壳的元素中，丰度仅排在第15位。然而，所有的已发现的生命体——从微小的细菌和原生生物到蓝鲸和巨型红杉针叶树，都是围绕着碳构建的。这个元素显然有一些特别之处，它不仅是给出的一个案例，而且是多功能性的。碳可以与自身或其他元素结合在一起，形成单个两个或三个共价键，并将其置身于一类庞大的"有机的"的化合物中。碳元素成键形式的多样性，使其具有同样广泛的物理特性。碳的同素异形体石墨中的离域电子，使其具有类似于金属的性质，如导电性。而有着所有已知元素中最高熔点的钻石，毫无疑问是属于非金属的。碳结合成键形成直链、分支聚合物、圆环、平面构造、四面体，甚至是球形的C₆₀"巴基球"。而"石墨烯"纳米管——是一种只有一个原子厚的人造碳网格——它可能成为有史以来最强大的材料，具有在工程界掀起革命的潜力。

氮

氮是一种无色、无味的双原子气体，占地球大气的78%。我们每时每刻都在呼吸它，但是，既然我们已经进化得能够呼吸富含氮气的混合物，它就对我们没有任何影响。血液中的血红蛋白与氧气结合，并将其带入血液循环中，但大量的氮气也会随之进入血液中：当潜水者过快地浮出水面时，溶解的氮气会在血液中形成气泡。由于被迫进入组织，因此它们会引起一种叫作"减压病"的症状，这种症状伴随着剧烈的疼痛，非常折磨人，甚至有可能致命。

氮本身几乎完全是惰性的，并被用于活性氧的气体置换，这可以是为了防范危险，比如，焊接中的火花可能引起爆炸；或是用在氧气不受欢迎的场合，比如在食品的包装中。由于其低熔点和充足的供应，氮也被用作液体冷却剂。它是DNA的一个重要组成部分，但由于它的惰性，氮气很难被适当地吸收到体内。某些"固氮"植物，如豌豆，与根部的细菌有一种共生关系，这种细菌可以帮助它们从土壤中锁定氮元素。

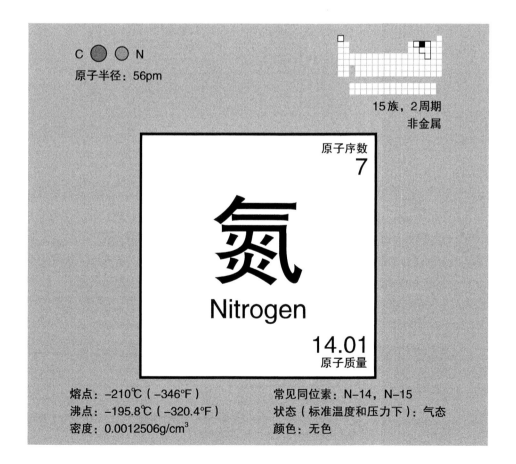

C ◯ ◯ N
原子半径：56pm

15族，2周期
非金属

原子序数
7

氮

Nitrogen

14.01
原子质量

熔点：−210℃（−346°F）
沸点：−195.8℃（−320.4°F）
密度：0.0012506g/cm³

常见同位素：N-14，N-15
状态（标准温度和压力下）：气态
颜色：无色

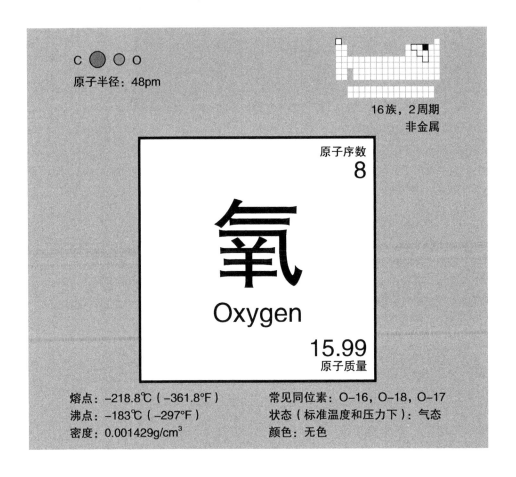

C ⬤ ◯ ◯ O
原子半径：48pm

16族，2周期
非金属

原子序数
8

氧

Oxygen

15.99
原子质量

熔点：−218.8℃（−361.8°F）
沸点：−183℃（−297°F）
密度：0.001429g/cm³

常见同位素：O-16, O-18, O-17
状态（标准温度和压力下）：气态
颜色：无色

氧

氧在1773年被瑞典化学家卡尔·威尔海姆·舍勒（1742—1786）（见第39页）发现，它是地球表面最丰富的元素，在整个地球中，丰度排名第二（如果考虑到地核里的铁元素的话）。它也是我们自身的重量上的主要成分：我们的身体可能会运行一个碳基操作系统，但是这种带负电的非金属则是保持机器运转的火花塞。在宇宙中，氧是继氢和氦之后的第3大元素，这样大的丰度是由于其原子核中的8个质子与8个中子带来的"双幻数"稳定性而形成的。

氧拥有强烈的反应性，它能够与几乎所有其他元素结合、成键，并从原子中夺取电子而形成氧化物。地球上的大多数氧不是在空气中，而是被固定在地壳中的氧化物固体里。氧气（O_2）会给大气带来氧化效应，导致金属失去光泽，并使燃烧反应成为可能（而且一旦开始，就很难扑灭）。一层薄薄的臭氧气体（O_3），有15~30km（9~18英里）高，能够吸收来自太阳的有害高能紫外线。

氟

第17族顶端带头的卤素是氟元素。它是元素周期表上电负性最强的元素，而这种淡黄色的气体是一种极其凶恶的物质，几乎可以穿透任何盛装它的容器。由于它冷酷无情的反应活性，氟很少作为单质元素使用，尽管它可以与其他元素形成牢固的化学键，从而得到非常稳定的化合物。

聚四氟乙烯（PFTE），也就是特氟龙，长处就是它的不活泼性。它在纤维织物上形成了防水的疏水性表面，也被用作建筑材料的耐腐蚀涂料、炊事用具上的不粘锅表面涂料。与此同时，氯氟烃（氯氟化碳）一度被用作冷却剂和气溶胶喷射剂，但由于它们对臭氧层造成的破坏，现在受到《蒙特利尔议定书》的限制。氟的主要来源是矿物萤石，它被用作熔炼金属的熔剂——它降低了炉子的熔化温度和炉渣的粘度，使杂质更容易被除去。

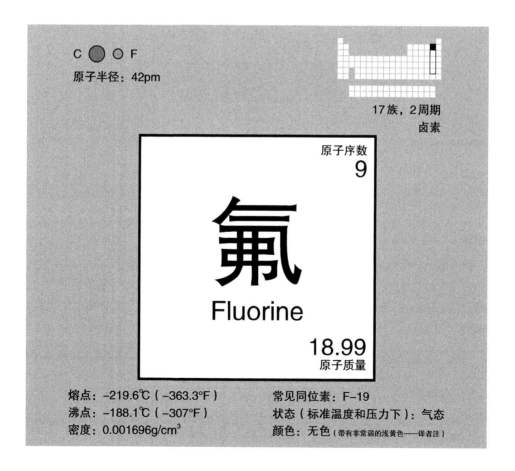

C ◯ ◯ F
原子半径：42pm

17族，2周期
卤素

原子序数
9

氟
Fluorine

18.99
原子质量

熔点：−219.6℃（−363.3°F）
沸点：−188.1℃（−307°F）
密度：0.001696g/cm³

常见同位素：F–19
状态（标准温度和压力下）：气态
颜色：无色（带有非常弱的浅黄色——译者注）

C ⚪ ○ Ne
原子半径：38pm

18族，2周期
惰性气体

原子序数
10

氖

Neon

20.18
原子质量

熔点：-248.6℃（-415.5℉）　　常见同位素：Ne-20，Ne-22，Ne-21
沸点：-246.1℃（-411℉）　　状态（标准温度和压力下）：气态
密度：0.0008999g/cm³　　颜色：无色

氖

没有哪个元素更能比氖气与某个用途紧密联系在一起：这种惰性气体永久地改变了我们对城市景观的印象。当高电压作用在低压氖气中时，氖会产生强烈的橙红色的光——其他颜色可以由玻璃管上的磷光涂层产生。有着嘶嘶响的灯管与花哨颜色的闪烁的霓虹灯招牌现在是任何城市的重要组成部分。这项技术最初是1910年左右在法国发展的，但它是在美国，尤其是在纽约盛行起来的，它在那里被称为"液态火焰"。

　　氖气是一种无色、无味的单原子气体，它具有所有元素中最受限制的液态温度范围，介于-248.45℃~-245.95℃（-415.46℉~-410.88℉）之间。尽管它是宇宙中第5常见的元素，但由于它无法形成化合物（它是元素周期表中最不活泼的元素），它在地球上是很罕见的。由于无法形成化学键，这种比空气更轻的气体会离开大气层，进入太空。

钠

就像第1族和第2族中的许多金属一样，钠有一个分裂的性格：一边是纯净的单质金属，不稳定而且危险；而另一边则是由这种活性元素形成的许多种稳定、有益的矿物质和盐。纯的钠是一种柔软的银白色金属，当它被暴露在空气中就会迅速变得黯淡无光，而遇水则会发生爆炸性的反应，产生氢气。这种纯金属在自然界中并不存在，这一点并不奇怪；而一些核反应堆却使用熔融的钠来带走反应堆的堆芯放出的热量，则可能令人惊讶了。

　　钠离子对于人体的正常功能也是至关重要的。血浆和细胞外液用一种富含钠的盐溶液浸润细胞，允许物质从细胞中进出。钠和钾离子也可以调节神经信号（见第101页）。大多数钠都来自于膳食中的盐（氯化钠）。平均而言，人类每天需要摄入500毫克的钠，但有些人会习惯摄入更多的钠，这可能会损害他们的健康。盐也是一种重要的工业化学物质。

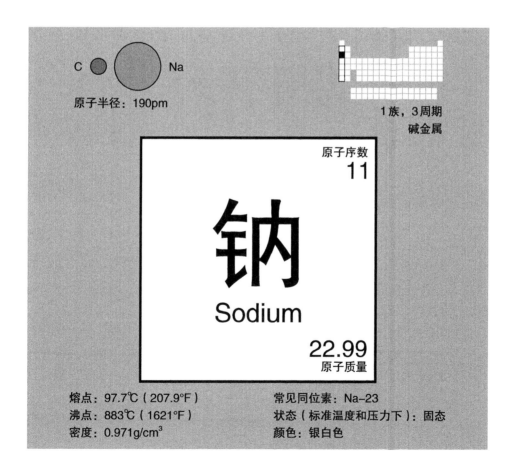

C 〇　〇 Na

原子半径：190pm

1族，3周期
碱金属

原子序数
11

钠
Sodium

22.99
原子质量

熔点：97.7℃（207.9°F）　　　　常见同位素：Na–23
沸点：883℃（1621°F）　　　　　状态（标准温度和压力下）：固态
密度：0.971g/cm³　　　　　　　颜色：银白色

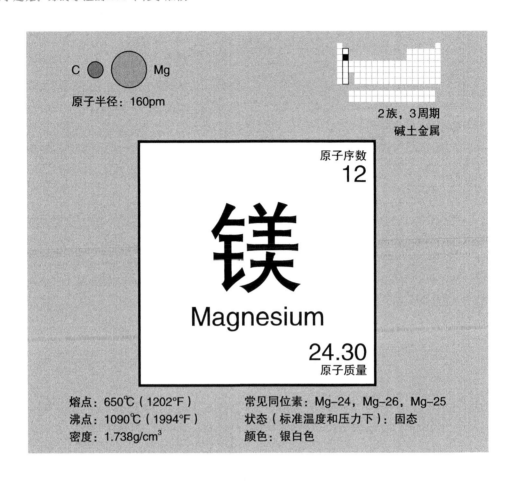

2 族，3 周期
碱土金属

原子半径：160pm

C ● ● Mg

原子序数
12

镁

Magnesium

24.30
原子质量

熔点：650℃（1202°F）　　常见同位素：Mg-24，Mg-26，Mg-25
沸点：1090℃（1994°F）　　状态（标准温度和压力下）：固态
密度：1.738g/cm³　　　　　颜色：银白色

镁

燃烧镁条的效果是学校化学课留下的常见回忆之一。当这种金属点燃时，突然爆发出的白光如此炫目，足以致盲，令人难以忘怀。它几乎不可能被扑灭，因为燃烧的镁不仅与氧气反应放热，甚至还可以与氮气和水发生反应。这一不寻常的特性，让镁被用来产生毁灭性的效果——那是在第二次世界大战期间，镁被装进燃烧弹的弹壳中。然而，大块的镁是很难点燃的，当与铝配合时，它就变成了一种容易焊接的轻合金（尽管发生过好几起由合金赛车引起的、真正的人车俱焚的死亡事故的案例）。

　　镁在地壳和地幔岩石中含量丰富，而且也是生物学中的一个重要元素。它在植物的叶绿素、基因的 DNA 和 RNA 分子、提供能量的 ATP 化合物以及许多酶中都起着不可或缺的作用，使它足以被称为地球上生命中最重要的元素。

铝

铝是一种轻金属，是地壳中最丰富的金属。然而，它被紧紧地困在矿物质中，而且提取它需要耗费大量能量。的确，它曾经被认为是与金银一样的贵金属（拿破仑皇帝用铝制餐具招待贵客）。然而，由于霍尔-埃鲁工艺（见第53页），它现在被用于制造从窗框到汽车车身和烹饪用"锡纸"等各种东西。据估计，每过1秒，就有50个铝罐被生产出来。

除了特别轻盈，铝也因其耐腐蚀性而闻名。与许多金属（例如铁，生锈后会成片状剥落，暴露出新的表面受到侵蚀）不同，暴露在空气中的铝形成了一层难以穿透的氧化层。铝，在周期表上远离过渡金属的主体部分，这种"贫"金属容易在压力下撕裂，但是能够从合金化处理中得到增强。虽然铝一般被认为是不活泼的，但是粉末状的铝粉会猛烈燃烧。它被用于固体火箭推进剂和烟火的闪光粉。

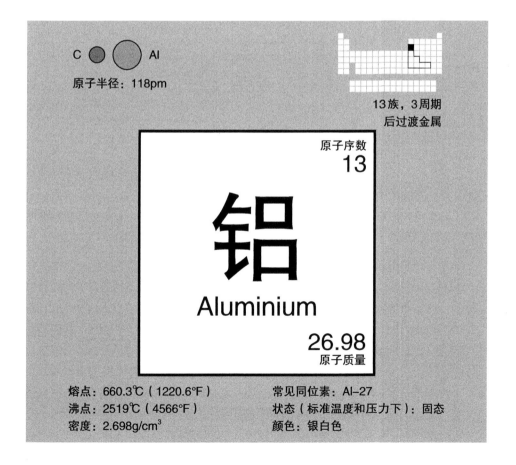

C ● ◯ Al
原子半径：118pm

13族，3周期
后过渡金属

原子序数
13

铝
Aluminium

26.98
原子质量

熔点：660.3℃（1220.6°F）
沸点：2519℃（4566°F）
密度：2.698g/cm³

常见同位素：Al-27
状态（标准温度和压力下）：固态
颜色：银白色

14族，3周期
准金属

原子序数
14

硅

Silicon

28.09
原子质量

熔点：1414℃（2577°F）
沸点：3265℃（5909°F）
密度：2.3296g/cm³

常见同位素：Si–28，Si–29，Si–30
状态（标准温度和压力下）：固态
颜色：灰色

硅

作为一种像许多碳族元素一样的类金属，硅有一些不同寻常的混合特性。作为地壳中最丰富的元素，硅是一种随处可见的成岩元素。作为二氧化硅，它与两个氧原子结合，形成了所有矿物质中的90%，而且也是玻璃的主要成分。

和碳一样，硅有4个价电子可以成键，所以它很有潜力成为外星生命的基础元素。但是，既然硅在地球上的储量丰富，那为什么我们自己不是以硅为基础的生命形式呢？一个可能的解释，是硅的外层电子壳层离原子核更远这个因素，使得硅原子趋向于形成较弱的键。一些有机体——尤其是海绵和微观的放射虫——使用硅来建造它们的身体，但是大多数生物选择了使用磷酸钙而不是硅。或许，硅基生命比有机生命更可能创造出人工智能（关于硅基生命，目前只是一种假说，并不能证明其真的存在。该假说还认为，以硅元素为基础的生命，或许在信息传递上比以碳元素为基础的生命更有优势，所以更可能造出人工智能——译者注）。超硅纯晶体可以被蚀刻上电子电路，制造成"芯片"，它可以在一个指甲大小的区域内容纳数十亿的半导体元件。

磷

磷于1669年被亨尼格·布兰德发现（见第26页），这种非金属是第一个使用化学手段分离的元素。而布兰德不如说偶然地发现了这个元素中最易挥发的同素异形体——白磷，它在与空气接触时就会自发燃烧，因此它很快就以希腊语被命名为"光明信使"。

最早的火柴被称为"路西法"，尖端上面有着白磷，但工厂的工人开始因暴露在它的毒性效应下而死亡。今天的随处可擦的火柴则使用不那么活跃的同素异形体——红磷。尽管纯磷可能是致命的，但是磷酸根离子（PO_4^{3-}）在人体中无处不在，对生命至关重要。作为一种与钙结合的离子化合物，磷酸盐形成了骨骼和牙齿中含有的坚硬的矿物质，这锁住了身体里约750g（26.5盎司）的磷。然而，磷酸糖类分子也形成了梯状的DNA分子的"侧栏"，而在细胞中分子间的磷酸转换则为身体的主要能量系统提供了能量。

C ◉ ⬤ P
原子半径：98pm

15族，3周期
非金属

原子序数
15

磷

Phosphorus

30.97
原子质量

熔点：44.2℃（111.5℉）
沸点：277℃（531℉）
密度：1.82g/cm³

常见同位素：P-31
状态（标准温度和压力下）：固态
颜色：无色

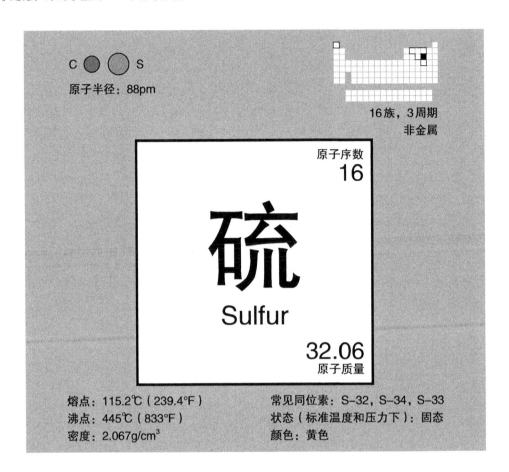

16族，3周期
非金属

原子序数
16

硫

Sulfur

32.06
原子质量

熔点：115.2℃（239.4°F）
沸点：445℃（833°F）
密度：2.067g/cm³

常见同位素：S-32，S-34，S-33
状态（标准温度和压力下）：固态
颜色：黄色

硫

硫，有着超过30种固体形态，是元素周期表中无可争议的同素异形体之王。在它的原生状态下，它会把火山喷气孔包裹上令人作呕的黄色晶体外壳。从这些喷口里嘶嘶作响喷出的含硫气体，那刺鼻的气味是非常令人不快的，因此，硫磺与地狱有着存在已久的联系也就不足为奇了，在《圣经》里，地狱常常和"硫磺"联系在一起。

然而，尽管有这样的隐含意义，硫还是很有用的。它是生命中必不可少的元素，在蛋白质合成过程中被动物使用，并集中在鸟蛋中——刺鼻的"腐烂的鸡蛋"气味来自于硫化氢。通过在橡胶中添加硫来"硫化"橡胶，使其更柔韧耐用——这项工艺，使得橡胶轮胎与内胎的发展成为可能。与此同时，二氧化硫是世界上最重要的工业化学品硫酸的前体。然而，作为一种燃烧化石燃料的多余的排放，它也会导致酸雨，现在是一种主要的工业污染物。

氯

快速而致命的17号元素——氯，永远无法摆脱跟战争、冲突之间的联系。德国化学家弗里茨·哈伯宣称它是"杀戮的更高形态"，并在第一次世界大战中使用了氯气。同样的性质使它成为一种强力清洁剂与漂白消毒剂，同时也令其成为一种可怕的武器。被人的肺部吸入后，这种极度活跃的卤素就会对脆弱的组织造成严重破坏，使受害者被自己的血液淹死。稍微仁慈一些的是，氯也可以用来杀死水中的病原体将其净化，从而供饮用或在游泳池中使用。

在正常情况下，氯是一种双原子黄绿色气体。单个原子的电负性很强，并通过从其他原子中"窃取"电子来填满它们的外壳，从而迅速形成离子盐。最重要的氯盐是氯化钠（食盐），它在人体中起着至关重要的作用。氯也存在于许多重要的工业化合物中，包括盐酸、PVC等塑料和杀虫剂DDT。

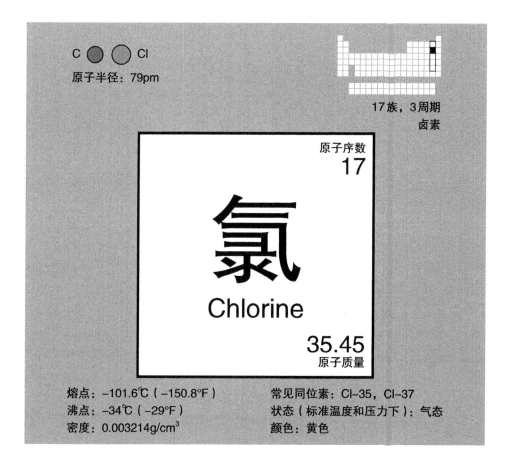

C ◯ ◯ Cl
原子半径：79pm

17族，3周期
卤素

原子序数
17

氯
Chlorine

35.45
原子质量

熔点：−101.6℃（−150.8℉）
沸点：−34℃（−29℉）
密度：0.003214g/cm³

常见同位素：Cl-35，Cl-37
状态（标准温度和压力下）：气态
颜色：黄色

C ● ○ Ar
原子半径：71pm

18族，3周期
惰性气体

原子序数
18

氩

Argon

39.95
原子质量

熔点：–189.4℃（–308.8°F）
沸点：–185.9℃（–302.6°F）
密度：0.0017837g/cm³

常见同位素：Ar-40，Ar-36，Ar-38
状态（标准温度和压力下）：气态
颜色：无色

氩

尽管经常被忽视，而且它的名字也意味着"懒惰"，但氩在地球大气层中所占的比例仅仅小于1%。这相当于大约50万亿吨的气体漂浮在空气中，使其成为继氮和氧之后的第三丰富的大气元素。

作为一种典型的惰性气体，氩几乎完全不会发生反应，因此它的普通状态是单原子的元素状态。然而，氩的反应惰性并不会使它变得完全无用。它通常被用于为那些易爆炸或易发生危险反应的物质创造出一种安全的、惰性的气氛。当与氧气混合在一起之后，它也被用于在熔融钢铁中产生泡沫——氩气会搅动金属，而氧气则以二氧化碳的形式除去碳。在电弧焊接铝和增殖超纯硅晶体时，氩被用于隔绝空气避免氧化。2000年，赫尔辛基大学的化学家们终于说服它参与了一项反应，然而，由此产生的氟氢化氩，在高于-246℃的温度下是不稳定的。

钾

第一族的元素越往下就会逐渐地变得越有反应性。因此，钾是一种暴躁的、喜怒无常的金属。它和其他碱金属一样柔软，并且容易失去光泽。钾必须被储存在油里，以防止它与空气发生反应。从化学性质上来说，它是钠的孪生兄弟，但它的反应性要更强烈，钾与水的反应是如此强烈，以至于从水里释放出来的氢气会爆炸。这种金属燃烧会有一种明亮的、独特的淡紫色火焰。在人体中发现这样一种不稳定的元素可能会令人惊讶，但是钾对于在大脑和身体外周之间传递神经信号的功能，则是至关重要的。一般而言，70kg的人体中，含有大约140g的钾，其中大部分是通过水果和蔬菜摄入的。香蕉的含钾量十分可观，其中一些是放射性的钾-40（这一同位素的衰变产生了地球大气中的大部分氩）。由此产生了异想天开的术语"香蕉等效剂量"——即从吃一根香蕉中获得的电离辐射剂量。

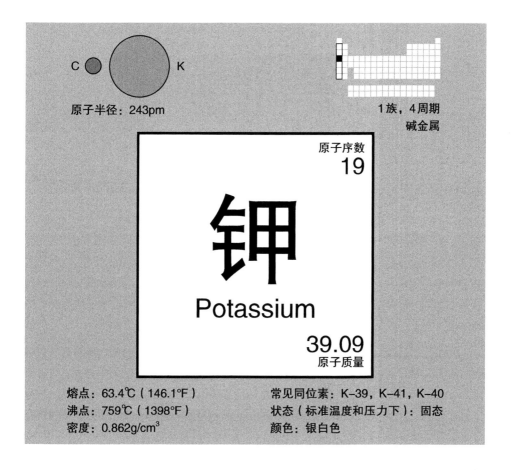

C ◯ ● K

原子半径：243pm

1族，4周期
碱金属

原子序数
19

钾

Potassium

39.09
原子质量

熔点：63.4℃（146.1°F）
沸点：759℃（1398°F）
密度：0.862g/cm³

常见同位素：K-39，K-41，K-40
状态（标准温度和压力下）：固态
颜色：银白色

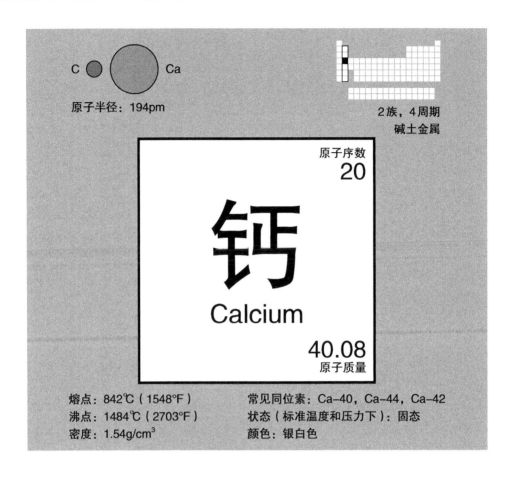

C ● ● Ca

原子半径：194pm

2族，4周期
碱土金属

原子序数
20

钙
Calcium

40.08
原子质量

熔点：842℃（1548°F）
沸点：1484℃（2703°F）
密度：1.54g/cm³

常见同位素：Ca-40，Ca-44，Ca-42
状态（标准温度和压力下）：固态
颜色：银白色

钙

作为一种柔软、闪亮、反应性强的金属，银灰色的钙很少以纯净物的形式出现。相反，这种反应性强的元素是优秀的建造者，很容易形成离子盐。第20号元素是地球地壳中第五常见的元素，它主要是以石灰岩和白垩岩中的碳酸钙的形式存在。我们的骨头中，以磷酸钙的形式携带了超过1kg的钙，而加热碳酸钙所形成的生石灰是全球每年生产的52亿吨水泥的关键原料。

钙化合物很容易溶解在水中，尤其是当它呈微酸性的时候。虽然石灰石是一种耐磨的岩石，但它并不能经受风雨，会被降雨和地下水侵蚀。释放到水中的钙离子会使水变"硬"——容易留下水垢沉积物，并且不容易让肥皂起泡沫。海洋生物通过从水中提取的碳酸钙来构建外壳。这些坚硬的结构在动物死亡后可以保存很长一段时间，并且可以变成化石。

钪

当德米特里·门捷列夫准备1869年的周期表（见第32页）时，他大胆地预测了一些当时尚未发现的元素的位置（和原子量）。"类硼"被预计的原子质量为44左右，是这些候选中质量最轻的。1875年，类铝（镓－见第113页）得到确认，接着，1879年，类硼（钪）被发现，并通过光谱分析确认这两个元素的性质与门捷列夫的预测一致，展现出了门捷列夫的周期表力量。

钪最初是在斯堪的纳维亚的硅铍钇矿和黑稀金矿中发现的，因此，它以斯堪的纳维亚地区的名字命名。它的含量和铅一样多，但更难提取，因为它不会大规模地集中到某种沉积物中积累。作为仅有的两种第3族金属之一（另一种是同样来自北欧的钇），它通常和镧系一样，被认为是一种稀土金属。钪是一种相对较软的金属，但如果加入铝，它就会得到极大的强化，产生坚硬而轻巧的合金，被用于自行车框架与航空航天工业中的零件的生产。

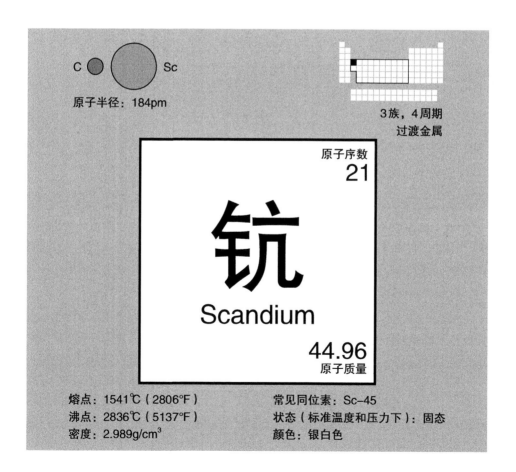

C ● Sc

原子半径：184pm

3族，4周期
过渡金属

原子序数
21

钪

Scandium

44.96
原子质量

熔点：1541℃（2806°F）
沸点：2836℃（5137°F）
密度：2.989g/cm³

常见同位素：Sc-45
状态（标准温度和压力下）：固态
颜色：银白色

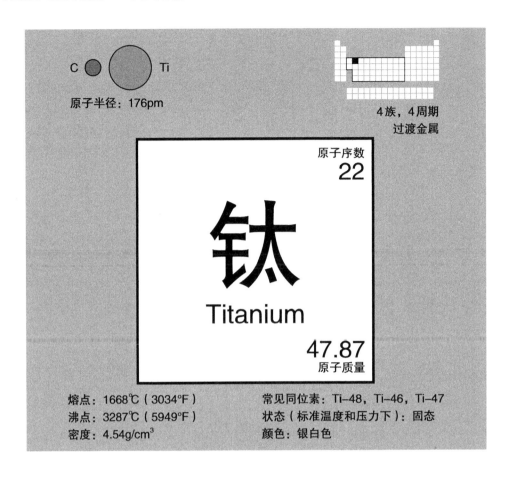

原子半径：176pm

4族，4周期
过渡金属

原子序数
22

钛

Titanium

47.87
原子质量

熔点：1668℃（3034℉）
沸点：3287℃（5949℉）
密度：4.54g/cm³

常见同位素：Ti-48，Ti-46，Ti-47
状态（标准温度和压力下）：固态
颜色：银白色

钛

巨大无比的强韧、难以置信的坚硬，承载着神话中泰坦的名字（泰坦，在希腊神话中，是奥林匹斯山众神的敌人），钛是一种真正的超级英雄元素。很少有元素像这种白色的、闪亮的过渡金属一样渗透到流行文化中——它已经成为了韧性的代名词，甚至出现在流行歌曲中。

在所有元素中，钛合金具有最高的强度-重量比，并在喷气发动机、宇宙飞船和轻型运动装备中被大量使用（尽管元素爱好者西奥多·格雷，建议你用一个角锉来测试你的"钛"高尔夫球杆，看它是否会产生钛合金标志性的明亮白色火花）。和钽一样（见第155页），钛不会与身体内部的任何东西发生反应，所以它可以被用于替换髋关节、种植牙和制作将骨折固定在一起的针。钛并不稀有，但是提炼的成本让它的价格始终居高不下。大多数钛都是以二氧化钛的形式存在的——这是一种亮白色的固体，被用于绘画和漂白纸张。

钒

另一种和斯堪的纳维亚相联系的元素就是钒。它以凡娜迪斯命名，这是北欧女神
芙蕾雅的另外9个名字之一。这个名字恰如其分，它以其强度和美丽而闻名。
23号元素是一种坚硬的钢蓝色金属，它不易发生反应，能抵抗腐蚀。只要在钢铁中
加入少量的钒，就可以增加其抗张强度（抗拉伸力的能力）和硬度。铬钒钢被用于制
造工具，尽管钒实际上只是多组分系统的一部分，另外还包括了锰、磷、硫、硅和铬
等元素。

作为一种典型的过渡金属，钒有几种"氧化态"，或者说外层电子的构型。这为
成键提供了广泛的选择，也提供了形成配离子的能力——一种被松散成键的中性分子
包围的金属阳离子——通常会产生色彩鲜艳的化合物。五氧化二钒是一种重要的工业
催化剂，它被用于接触法制硫酸的工艺之中。

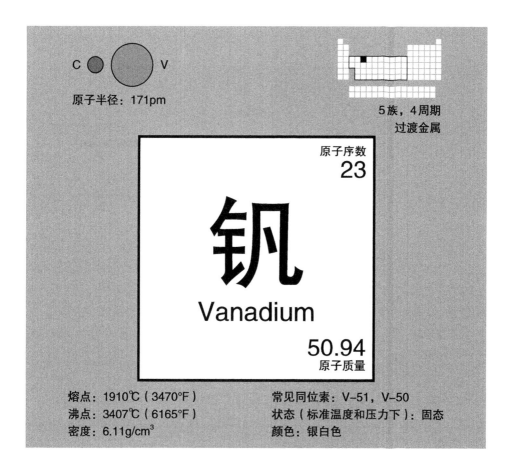

C ○ ● V
原子半径：171pm

5族，4周期
过渡金属

原子序数
23

钒

Vanadium

50.94
原子质量

熔点：1910℃（3470°F）
沸点：3407℃（6165°F）
密度：6.11g/cm³

常见同位素：V-51，V-50
状态（标准温度和压力下）：固态
颜色：银白色

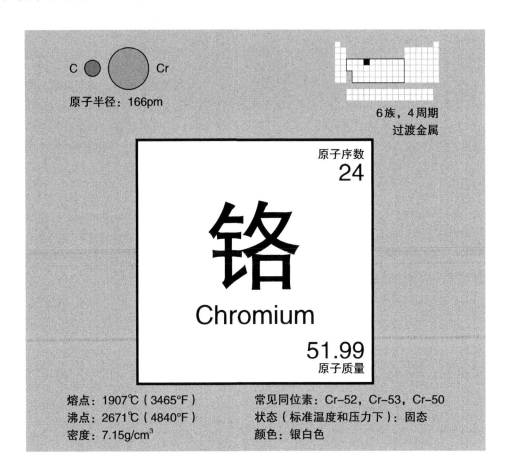

C ● ⬤ Cr

原子半径：166pm

6族，4周期
过渡金属

原子序数
24

铬

Chromium

51.99
原子质量

熔点：1907℃（3465°F）　　常见同位素：Cr-52，Cr-53，Cr-50
沸点：2671℃（4840°F）　　状态（标准温度和压力下）：固态
密度：7.15g/cm³　　　　　　颜色：银白色

铬

闪耀而又能抵抗腐蚀，铬曾经承载了战争之后对未来的期望。在20世纪20年代，将一层薄薄的铬金属保护层涂布到钢表面的技术已经发展起来了，但直到20世纪40年代，这种技术才开始被广泛应用。美国变成了镀铬的奇妙国度，有着闪闪发光的最新型烤面包机和汽车尾翼。与此同时，另一种铬的防腐技术正在替代镀铬，那就是——不锈钢，由钢铁混入10%的铬制成。不锈钢的生产成本低廉，耐生锈，并且不会像表面镀铬一样剥落下来，它至今依然是外科器械、外观闪亮的钢装饰材料和餐具的首选合金。

　　1797年，路易斯·沃克兰从矿石中提取出了这种五彩斑斓的化合物，并将其命名为铬。作为一种不纯净物，铬产生了绿宝石中的绿色，而这种金属被用来生产19世纪艺术家所使用的"铬黄"颜料。不同寻常的是，铬（Ⅲ）是人体中重要的微量元素，但铬（Ⅵ）是一种有毒的重金属。

锰

锰是一种坚硬而易碎的金属，主要被用于铁合金。尽管其貌不扬，但它是地壳中第3丰富的过渡元素，仅次于铁和钛，而且大多数现代钢铁都是锰钢。少量的这种金属被添加到钢中就能增加其在高温环境下的工作能力，而大量的锰（8%~15%）能够增加固体合金的抗张强度：建筑工人和士兵所戴的钢盔都含有大量这种金属。与此同时，在被人们广泛使用的碱性电池中，锰与碳粉混合的二氧化锰组成了正极。

作为人体内许多酶正常工作所需要的微量元素，我们每天需要摄入5mg锰。然而，剂量如果翻倍，锰就变成致命的神经毒素，从而导致"锰疯病"。锰中毒有着与帕金森症相类似的症状，也会附带精神错乱的症状。

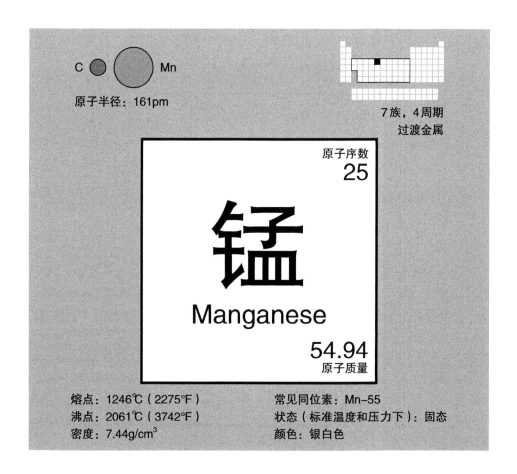

C ● ● Mn

原子半径：161pm

7族，4周期
过渡金属

原子序数
25

锰

Manganese

54.94
原子质量

熔点：1246℃（2275°F）

沸点：2061℃（3742°F）

密度：7.44g/cm³

常见同位素：Mn-55

状态（标准温度和压力下）：固态

颜色：银白色

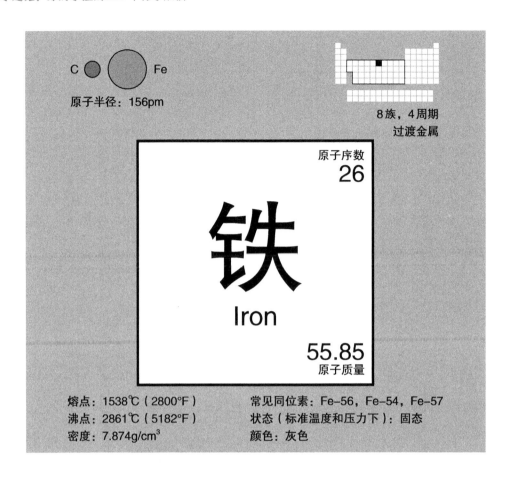

C ● ○ Fe

原子半径：156pm

8族，4周期
过渡金属

原子序数
26

铁

Iron

55.85
原子质量

熔点：1538℃（2800°F）
沸点：2861℃（5182°F）
密度：7.874g/cm³

常见同位素：Fe-56，Fe-54，Fe-57
状态（标准温度和压力下）：固态
颜色：灰色

铁

在大质量恒星的核心中，Ni-56 的聚变是最终伴有结合能释放的核聚变反应（见第6页）。因此，在恒星耗尽燃料，并以猛烈的超新星的形式向宇宙喷出内容物之前，铁是最后一个被合成的元素。Ni-56 衰变为 Fe-56，所以铁作为宇宙中最稳定的元素而雄踞山顶。这个元素喜欢呆在东西的核心里：由于初生的太阳的强烈辐射赶走了较轻的元素，因此铁被集中在太阳系的内部行星上。它是地球上最丰富的元素，但集中在地核部分（见第44页）。在血红蛋白分子中的铁把血液中的氧气输送到身体的每一个细胞中。你每天需要消耗20mg左右剂量的铁来制造新的红细胞，而你身体含有的铁足够来制造一根相当大的钉子（7.5cm）。在2000多年的时间里，对钢铁的掌握推动了人类技术的发展，而这一元素的磁性性质也是十分有用的。

钴

萨克森州的中世纪银矿工们总想象自己被哥布林所困扰——正是这些与他们共享矿山的地下精灵导致了岩石坠落和崩塌。然而，他们最喜欢的把戏则是把好矿石换成无用的东西。钴的名字就来源于这些淘气的捣乱分子，因为它的矿物几乎没有贵重金属。钴是元素周期表上的3个铁磁性元素之一，也是具有最高居里温度的元素之一（见第81页）。

它给玻璃增添了一种深蓝色的色彩——这是2000多年前在中国发现的一种把戏——它被用于陶器釉中。钴有一种稳定的同位素，Co-59。另一种是Co-60，它被用作伽马射线源，主要用于治疗某些癌症。通过在核反应堆中用"慢"中子轰击，Co-59变成了Co-60。核裂变链式反应的设计者利奥·西拉德曾指出，一枚由裹有Co-59外衣的核弹所制成的"脏弹"可能在几十年内对土地造成毒害。

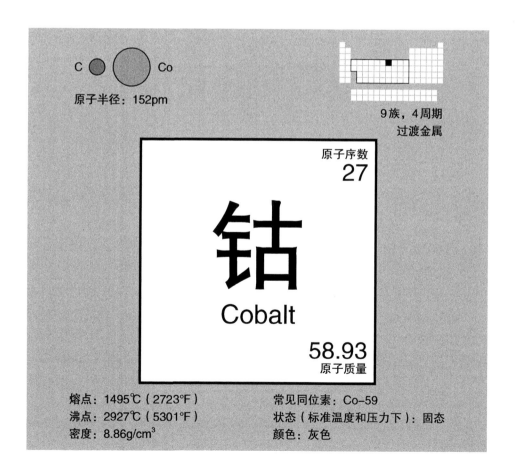

C ⬤ ⬤ Co

原子半径：152pm

9族，4周期
过渡金属

原子序数
27

钴

Cobalt

58.93
原子质量

熔点：1495℃（2723℉）
沸点：2927℃（5301℉）
密度：8.86g/cm³

常见同位素：Co–59
状态（标准温度和压力下）：固态
颜色：灰色

原子半径：149pm

10族，4周期
过渡金属

原子序数
28

镍
Nickel

58.69
原子质量

熔点：1455℃（2651°F）
沸点：2913℃（5275°F）
密度：8.912g/cm³

常见同位素：Ni–58，Ni–60，Ni–62
状态（标准温度和压力下）：固态
颜色：灰色

镍

与许多d区金属元素一样，镍是一种优质的制造合金的金属。它生产耐热的超级合金，被应用于飞机涡轮和火箭推进器。然而，在地球上，大多数镍都是遥不可及的。它与地核中铁元素长达40亿年的亲密关系使得地壳中几乎不含有这种过渡金属。

镍是耐腐蚀的（它在空气中会变得灰暗，但这个过程非常缓慢），并且可以被打磨出美丽的光泽。因为它的生产成本比铬更低，因此它现在是比铬使用更广泛的超亮电镀层。作为元素周期表中第3个铁磁元素（见第81页），它被用来制造"磁钢"（一种铝/镍/钴合金）的电磁铁，具有介于铁永磁体与稀土磁铁之间的磁性。虽然镍在很大程度上是惰性的，但当它的表面积增加时，这个元素实际上是相当活泼的：粉末镍催化了工业化生产人造黄油的氢化反应，而在某些燃料电池中，泡沫镍被用作低密度的阳极。

铜

铜横跨古代和现代世界。这种不寻常的红褐色金属，以天然元素和矿石的形式均有发现，是最早从其矿物中提取出来的金属之一（见第45页）。虽然铜在需要坚韧的用途上过于柔软，但以2∶1的比例中加入锡，它就形成了青铜——一种更坚固、更实用、更有优势的合金。这一发现大约在公元前2500年，是人类历史上的一项重大技术革新，人类从此迎来了"青铜时代"。

然而，如今，铜已经成为了电流的导体。它构成了现代电网的支柱和电子电路板的导电轨道。铜的价值意味着，它现在是仅次于铁和铝的第3大回收金属——据估计，铜的产量的80%仍在使用当中。最近，铜的抗菌性能也得到了重新发现：在医院里，铜推板、轨道与床把手正在被更新，以阻止超级细菌的窝藏和传播。

C ⬤ ⬤ Cu
原子半径：145pm

11族，4周期
过渡金属

原子序数
29

铜

Copper

63.55
原子质量

熔点：1084.6℃（1984.3°F）
沸点：2562℃（4644°F）
密度：8.96g/cm³

常见同位素：Cu-63，Cu-65
状态（标准温度和压力下）：固态
颜色：红褐色

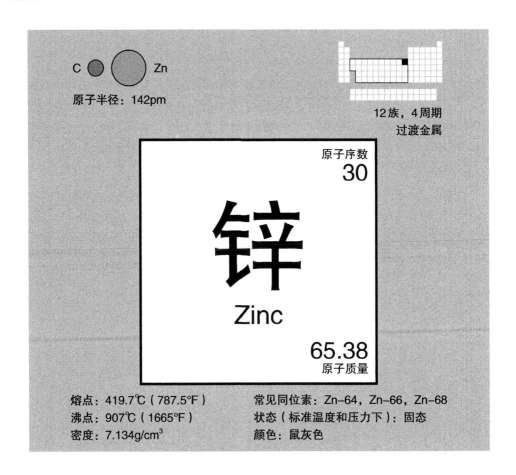

C ● ● Zn
原子半径：142pm

12族，4周期
过渡金属

原子序数
30

锌

Zinc

65.38
原子质量

熔点：419.7℃（787.5℉）
沸点：907℃（1665℉）
密度：7.134g/cm³

常见同位素：Zn–64，Zn–66，Zn–68
状态（标准温度和压力下）：固态
颜色：鼠灰色

锌

锌最辉煌的时刻是在1800年，当时它成为了亚历桑德罗·伏打的"伏打堆"的两个终端之一，这是世界上第一个化学电池。今天，在许多电池中，锌仍然被用作阳极，但比起担任明星角色，锌在当代更是为其他金属服务的"多面手"。耀眼的黄铜是铜锌合金。即使是美分也有97.5%的锌，外面裹有铜包层以保持外观。

世界上生产出来的锌有超过一半是用来给钢铁镀锌的。在这个工艺中，钢可以通过热浸或电镀来获得一层保护性的锌涂层。锌具有轻微的反应性，并在潮湿的空气中与二氧化碳结合形成碳酸锌——一种暗灰色、不易反应的涂层，使表面免受进一步腐蚀。锌的化学反应比其他许多过渡金属要少，许多人认为第12族应该是后过渡金属中的第一个（见第64页）。它的化合物主要是由带正电荷的二价阳离子形成的。白色的氧化锌在油漆颜料和阻挡紫外线的防晒霜中无处不在。

镓

这种柔软的银白色金属有着著名的低熔点，用它做成的勺子被用来搅拌热饮时会"消失"，它甚至会在手上融化。然而，大多数镓都被用于制造半导体砷化镓和氮化镓——用于超高速逻辑运算的芯片和激光二极管。

1875年，一名法国化学家发现了镓，他的名字是保罗-埃米尔·勒科克·德布瓦博德兰（1838—1912），他发起了一项从对应光谱中识别出新的元素的探索。这个新元素很重要，因为它进入了德米特里·门捷列夫预测的类铝的空间（见第32页），是化学元素周期性规律的重要证据（见第29页）。这也引发了自英法两国因氧气发现权归属而引发的争论之后，最重要的一场争议。门捷列夫认为，这种新金属只是证实了他的发现，应该归功于他，但是法国人可能笑到了最后——镓指的是法国（拉丁语中的高卢 Gallia），但也间接地提到了它发现者的名字。

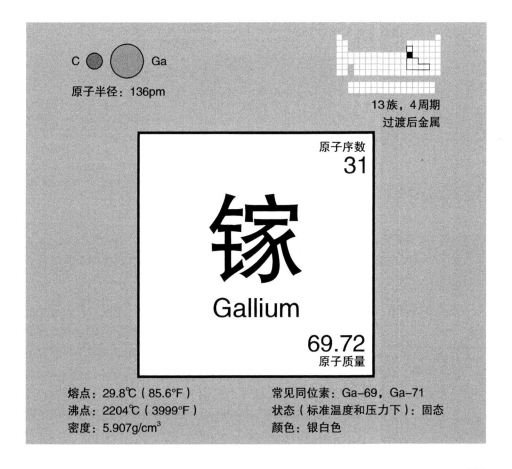

C ⬤ ⬤ Ga

原子半径：136pm

13族，4周期
过渡后金属

原子序数
31

镓

Gallium

69.72
原子质量

熔点：29.8℃（85.6℉）
沸点：2204℃（3999℉）
密度：5.907g/cm³

常见同位素：Ga-69，Ga-71
状态（标准温度和压力下）：固态
颜色：银白色

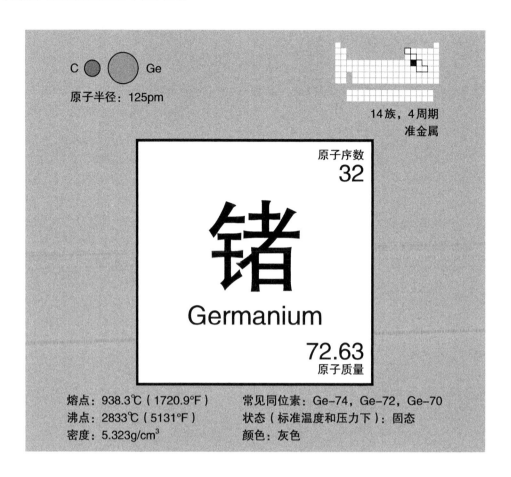

C ◯ ◯ Ge
原子半径：125pm

14族，4周期
准金属

原子序数
32

锗

Germanium

72.63
原子质量

熔点：938.3℃（1720.9°F）
沸点：2833℃（5131°F）
密度：5.323g/cm³

常见同位素：Ge-74，Ge-72，Ge-70
状态（标准温度和压力下）：固态
颜色：灰色

锗

锗是一种易碎的准金属，它外观上类似于硅，于1886年由化学家克莱门斯·温克勒（1838—1904）发现。这一以德国命名的元素的发现与门捷列夫所预测的类硅相吻合，进一步证实了他的化学元素周期表。

和所有的碳族元素一样，锗有4个价电子。用五价元素如砷"掺杂"的锗晶体形成了一种"n型"的供体半导体，其中有过多的电子。用三价铝或钢制掺杂就做成了具有"空穴"的"p型"受体半导体。廉价的固态锗晶体管推动了"二战"后消费电子产品的繁荣。如今，锗半导体在很大程度上已被硅基电子产品所取代，但是锗半导体在一些无线设备中仍被使用，而吉他手则信任他们带来的复古声调。与此同时，二氧化锗是一种重要的工业化学物质，被用于纤维光缆，也被用于催化塑料瓶中PET塑料的聚合。

砷

这个有毒元素在元素周期表中刚好坐落于磷的下方。砷的恶名来自其作为"继承人专用毒药"使用的悠久历史——砒霜，也就是三氧化二砷，这是下毒者所选择的凶器。它的恐怖统治直到1836年才随着马什试验的发明宣告结束——这种试验能侦测到一具尸体中的微量砷的存在。

由于磷在生物系统中是如此重要（见第97页），砷如此致命有点令人惊讶。然而，在2010年，33号元素登上了头条，美国国家航空航天局科学家声称，生活在高盐碱湖的细菌，在它们的DNA中用砷取代了磷。由于生命是由碳基有机物所组成的单一体系，因此这样的发现就相当于发现了第二个创世纪。这一说法在2012年被拆穿了：研究表明，尽管GFAJ-1细菌确实对砷具有高度的耐受性，但它却竭尽全力去寻找它能从环境中获得的磷：终究还是没有什么神秘之处。

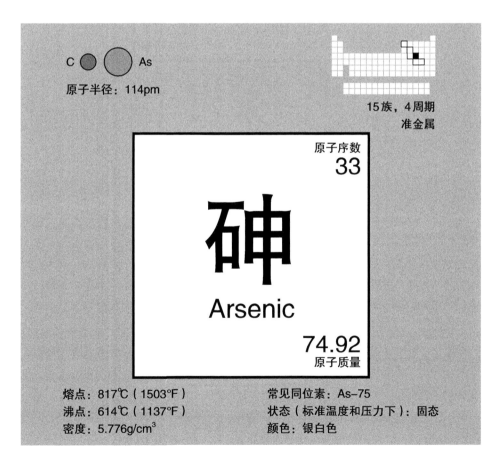

C ● ● As

原子半径：114pm

15族，4周期
准金属

原子序数
33

砷

Arsenic

74.92
原子质量

熔点：817℃（1503°F）
沸点：614℃（1137°F）
密度：5.776g/cm³

常见同位素：As–75
状态（标准温度和压力下）：固态
颜色：银白色

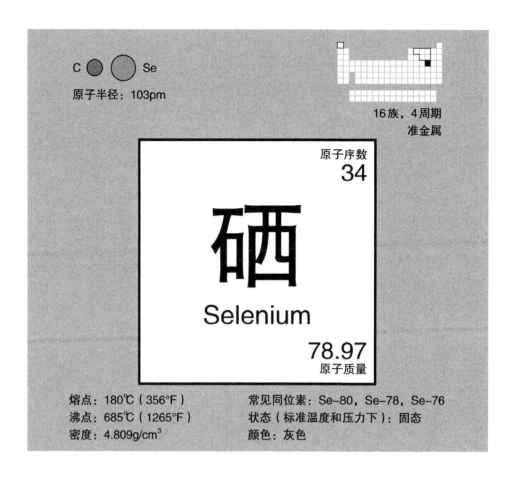

C ⬤ ⬤ Se
原子半径：103pm

16族，4周期
准金属

原子序数
34

硒

Selenium

78.97
原子质量

熔点：180℃（356°F）
沸点：685℃（1265°F）
密度：4.809g/cm³

常见同位素：Se-80，Se-78，Se-76
状态（标准温度和压力下）：固态
颜色：灰色

硒

硒是一种准金属元素，它于1817年被永斯·雅各布·贝采里乌斯和约翰·加恩（1745—1818）发现。它在黄铁矿（亚硫酸盐）矿石中散发出的辣根气味出卖了它的存在，这种气味是所有硒化合物的共同特征。氧族的下一个周期的元素——碲也是有气味的（见第134页），因此，贝采里乌斯根据希腊月亮女神赛琳娜将其命名为硒，将其与大地上的孪生子联系起来。现在硒仍然是从它的硫化物矿石中提炼出来的。

像很多准金属元素一样，硒有几种不同的同素异形体。灰硒是一种发光的金属，它能显示出光电效应，当光照射在它的表面时会产生自由电子；砖红硒则是一种无定形的非金属。这是一种令人困惑的化学元素，它对人体的正常运转而言至关重要，但只要剂量稍微加大（超过0.4mg），它便是有毒的。因此，正常饮食很容易提供充足的硒，很少出现不足。巴西胡桃和桃子富含硒，但食物中硒的含量主要取决于土壤中的硒含量。

溴

在标准的温度和压力下，元素周期表里只有两个液体元素：光亮、易流动的液态金属——水银（汞）以及这种刺鼻的、冒烟的红褐色物质——溴。溴的名字基于希腊语单词"bromos"，意为"恶臭"。它具有腐蚀性和毒性，被称为"胡迪尼元素"，因为它就像魔术师胡迪尼一样无法被限制，哪怕一小段时间。与卤素家族的其他成员一样，溴具有电负性，它会侵蚀塑料和橡胶瓶塞，甚至攻击通常不能被腐蚀的特氟龙。

毫不意外，反应性如此强大的元素在地球上是找不到元素状态的。它由24岁学生安托万·杰罗姆·巴拉尔（1802—1876）于1826年在海水蒸发后的含盐残渣中被提取出来，这依然是溴元素的主要来源。德国化学家卡尔·雅各布·罗威（1803—1890）也有独立发现溴的功绩。直到最近，它在杀菌剂、杀虫剂、汽油添加剂和漂白水池清洁剂中随处可见，但由于许多溴的化合物对臭氧层具有破坏作用，因此它们如今受到了严格的监管。

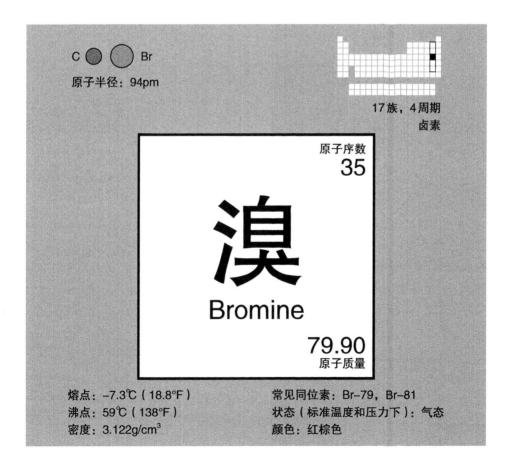

C ⬤ ⬤ Br
原子半径：94pm

17族，4周期
卤素

原子序数
35

溴
Bromine

79.90
原子质量

熔点：–7.3℃（18.8°F）
沸点：59℃（138°F）
密度：3.122g/cm³

常见同位素：Br–79，Br–81
状态（标准温度和压力下）：气态
颜色：红棕色

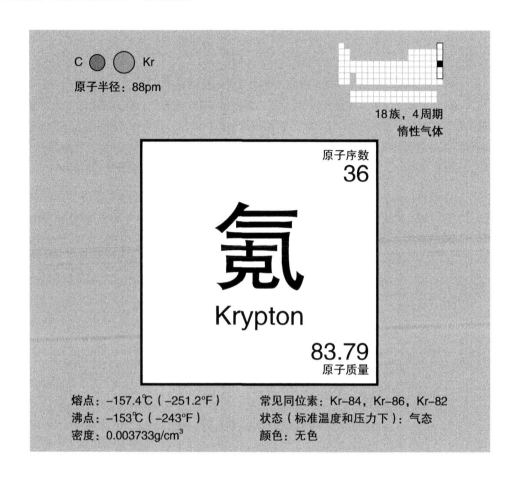

C ⬤ ⬤ Kr
原子半径：88pm

18族，4周期
惰性气体

原子序数
36

氪

Krypton

83.79
原子质量

熔点：−157.4℃（−251.2°F）　　常见同位素：Kr−84，Kr−86，Kr−82
沸点：−153℃（−243°F）　　　　状态（标准温度和压力下）：气态
密度：0.003733g/cm³　　　　　　颜色：无色

氪

氪是"隐藏的家伙"。没有气味也没有颜色，这种惰性气体在1898年被威廉·拉姆塞和莫里斯·特拉弗斯从空气中发现，一同被发现的还有氖和氙。它是由它强烈的橙红色和绿色的光谱线显示出来的。一旦大气中的主要元素（氧气和氮气）被除去了，液化空气的分馏就（见第51页）将分离出其余的微量成分。氪的浓度大约是百万分之一。然而，由于这种气体是铀衰变的自然产物，而且它的密度足够大，因此不会逸散到太空中，这就是说，它正在稳步积累。

和其他惰性气体一样，氪在放电管中发出光。它明亮的白色光芒即使是在浓雾天气也能引导飞机进行着陆。然而，它的高昂成本令它的应用受到了限制：在地球大气层中，氪的数量比起氩的数量要稀有8000多倍，所以提取氪的成本是氩的100倍。正如拉姆塞在1902年写下的预测那样，氪并不是完全不活跃的，某些情况下，它也可以参与反应。

铷

作为一种经常与颜色相联系的元素，铷是罗伯特·邦森和古斯塔夫·基尔霍夫在1861年利用新的光谱学技术发现的两种元素中的第二个。他们的研究是在本生灯上，燃烧从矿物锂云母中提纯的盐，所产生的光通过棱镜，分裂成其组成部分的颜色，并揭示了铷特征性的两条红宝石色光谱线。然而，这个元素本身直到1928年才被分离出来。

铷是一种柔软的银白色金属，在室温下几乎没有固体。它的反应非常强烈（第一族的碱金属越往下越不稳定），并且与空气中的氧气结合得非常快。它与水的反应仅次于铯。某些特定的微波频率使铷原子产生了极具规律性的共振，使得它们能够被制作原子钟用于计时。它们比铯原子钟更便宜、便携，因而被用于GPS卫星，也常被用于电台和手机里的时钟控制。

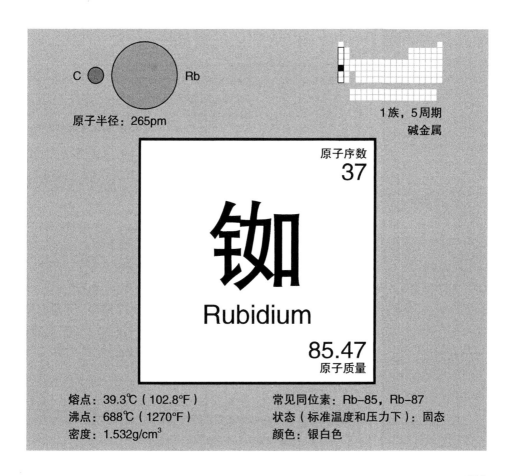

C ● Rb

原子半径：265pm

1族，5周期
碱金属

原子序数
37

铷

Rubidium

85.47
原子质量

熔点：39.3℃（102.8°F）
沸点：688℃（1270°F）
密度：1.532g/cm³

常见同位素：Rb-85，Rb-87
状态（标准温度和压力下）：固态
颜色：银白色

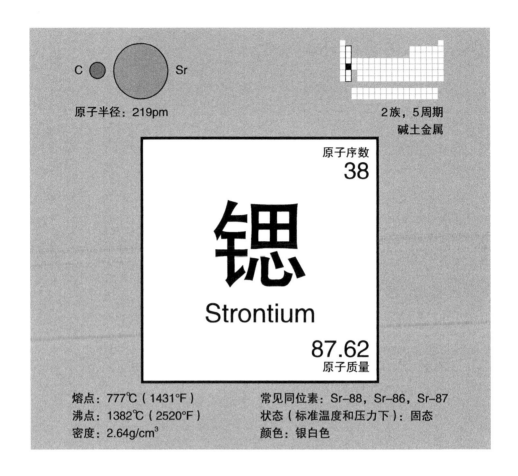

C ● ● Sr

原子半径：219pm

2族，5周期
碱土金属

原子序数
38

锶

Strontium

87.62
原子质量

熔点：777℃（1431°F）
沸点：1382℃（2520°F）
密度：2.64g/cm³

常见同位素：Sr–88，Sr–86，Sr–87
状态（标准温度和压力下）：固态
颜色：银白色

锶

这个与钙最接近的化学元素臭名昭著，因为它的30种同位素中不少于26个是有放射性的。因为碱土金属的化学性质呈现明显的相似性，所以锶很容易地融入骨骼和牙齿也就不足为奇了。在地面核试验期间（1945—1963年），核裂变产生的放射性Sr-90在婴儿的乳牙中的水平急剧增——这一证据在禁止此类试验的条约中起了重要作用。然而，1986年切尔诺贝利核事故的放射性尘埃向欧洲大部分地区播撒了Sr-90。

锶是一种柔软的、灰色的、反应性强的金属，它的名字取自于1790年发现它的地点苏格兰小镇斯特朗廷。它有自燃的属性，也就是说，它在与空气接触时，会一下子突然燃烧起来。锶的元素单质没有多少商业用途（尽管Sr-89是一种被用于某些癌症治疗的放射性同位素），但是碳酸锶会给烟花和遇险求救用的信号弹带来明亮的红色。

钇

虽然严格意义上来说钇属于过渡金属，但钇在化学性质和分布上与镧系元素的相似之处也让它被归类为"稀土"元素。钇于1794年由芬兰化学家约翰·加多林发现，标志着一个元素热潮的开始：1843年，卡尔·莫桑达（1797—1858）发现了另外两种潜伏在它的矿石中的氧化物——铽和铒的，然后，就像一个俄罗斯套娃一样，这些氧化物反过来又包含了另外9个镧系元素（见第65页）。从一开始，这种相貌平平的金属的主要才能是显而易见的："隐藏"其他的镧系元素。钇只会形成正三价阳离子，这意味着氧化钇会以相同的氧化态来"接待"大小相似的稀土金属。

钇铝石榴石（YAG）是一种类似钻石的人造晶体，它掺入钕来制造最常见的固态激光器，可被用于外科、牙科和切割金属。另一种钇化合物——氧化钇钡铜（YBCO），则是人类发现的第一个在相对较高的温度（180.15℃）下出现零电阻的超导体。

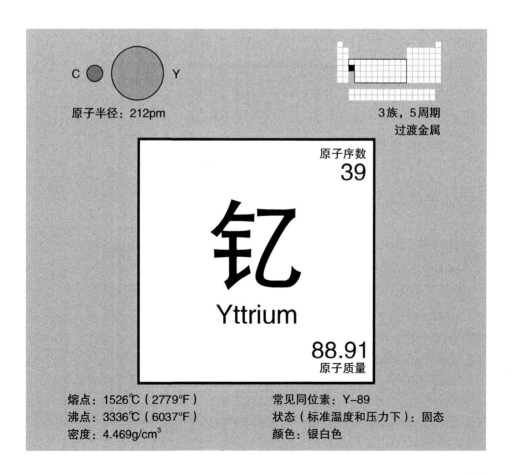

C ● ● Y

原子半径：212pm

3族，5周期
过渡金属

原子序数
39

钇
Yttrium

88.91
原子质量

熔点：1526℃（2779°F）　　常见同位素：Y-89
沸点：3336℃（6037°F）　　状态（标准温度和压力下）：固态
密度：4.469g/cm³　　　　　颜色：银白色

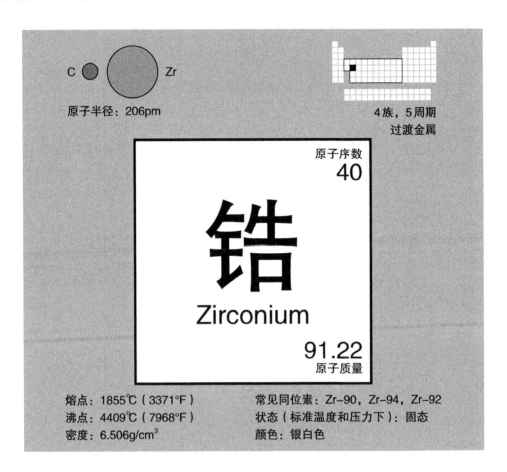

原子序数
40

锆

Zirconium

91.22
原子质量

熔点：1855℃（3371°F）　　常见同位素：Zr-90，Zr-94，Zr-92
沸点：4409℃（7968°F）　　状态（标准温度和压力下）：固态
密度：6.506g/cm³　　　　　 颜色：银白色

锆

在化学性质上与钛相似，锆是一种坚固的材料。它具有适度的反应性，一旦暴露在空气中就会迅速形成坚硬的二氧化锆表层，使金属几乎不受化学侵蚀的影响。它还能承受高温，不吸收中子，所以它作为核燃料的包层被用于核反应堆内部。

二氧化锆，或者说氧化锆是一种被用于制造化学惰性的实验室设备、低摩擦轴承和超锋利刀具的的陶瓷。当氧化锆被氧化钇稳定下来时，它就形成了立方氧化锆晶体。这些合成晶体几乎和钻石一样坚硬，也同样璀璨夺目。在地球上，锆主要以锆石，一种硅酸盐宝石的形式存在。锆石是如此坚硬，以至于它们在岩石的循环中可以不受干扰地移动，并且可以被用于确定很久以前由地球重塑的大陆岩石的地质年代。锆石英砂如此耐高温，可用作制造玻璃的熔炉内衬，还可以用作在铸造厂里舀出熔融金属时所需的巨大勺子。

铌

第41号元素有一段痛苦的历史。在1801年，查尔斯·哈契特（1765—1847）首次从其他矿石中将其鉴别出来，并将其命名为钶。然而，8年后，威廉·海德·沃拉斯顿（1766—1828）宣称，钶实际上只是已知的钽。1846年，德国化学家海因里希·罗斯（1795—1864）意识到钽矿石包含两种元素。罗斯将"新"元素命名为铌，这是在希腊神话中，坦塔罗斯的女儿尼俄伯的名字。

尼俄伯是一个悲剧人物，作为对其傲慢的惩罚，她失去了所有的孩子，但这种悲观的联想并没有阻止这一元素。事实上，它把我们带到了月球——这无疑是人类的乐观主义最积极的表达方式。这种柔软的灰色韧性金属是5种耐高温金属之一（另外4种是：钼、钽、钨和铼），铌因其耐热性而出名，并被用于喷气发动机部件和火箭喷嘴所需要的镍基超合金中。铌也被用于制造粒子加速器的超导线圈和核磁共振扫描仪。

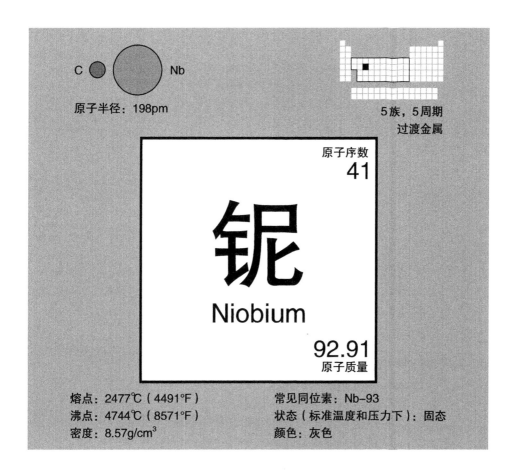

C ● Nb

原子半径：198pm

5族，5周期
过渡金属

原子序数
41

铌
Niobium

92.91
原子质量

熔点：2477℃（4491°F）
沸点：4744℃（8571°F）
密度：8.57g/cm³

常见同位素：Nb-93
状态（标准温度和压力下）：固态
颜色：灰色

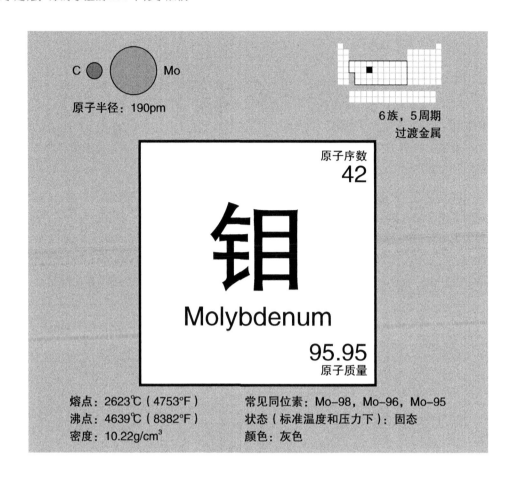

C ● ◯ Mo

原子半径：190pm

6族，5周期
过渡金属

原子序数
42

钼

Molybdenum

95.95
原子质量

熔点：2623℃（4753℉）　　常见同位素：Mo-98，Mo-96，Mo-95
沸点：4639℃（8382℉）　　状态（标准温度和压力下）：固态
密度：10.22g/cm³　　　　　颜色：灰色

钼

钼是一种高性能的材料。作为5种难熔金属之一，这种银灰色金属与其邻近的邻居、铌、钽、钨和铼一样，对热量有着极强的抵抗力。将钼添加到钢中的效果与钨一样，能够使金属更加坚固，并在高温下保持坚硬。钼钢是一种高速钢（HSS），耐磨损，而且能够以比标准的高碳钢更快的速度进行钻孔。

　　尽管钼很稀有，但它在炼油和生物系统中都是重要的催化剂。在细菌酶中，这一元素催化分解氮键，使大气中的氮气可以被吸收。固氮植物，如豆类植物，它们的根部扮演着这些细菌的宿主，为氮进入生物圈提供了一条途径。几乎对于所有生物来说，这一金属都是一种必不可少的微量元素——对几十种酶的功能来说是必需的。即便如此，你一生中需要的钼的总量也不会超过300mg。

锝

由于没有稳定的同位素，因此第43号元素是最轻的放射性元素。虽然它是铀的衰变产物，但每千克（2.2磅）铀中只存在大约0.2纳克锝，这就是为什么从门捷列夫在1868年预测"类锰"的存在，到1937年最终提纯出锝元素，竟然经过了68年之久。卡洛·佩里尔和埃米利奥·塞格尔在西西里的巴勒莫大学工作，他们在加州伯克利使用回旋加速器粒子加速器轰击钼箔发现了新元素。他们从希腊语词根technetos那里给这个元素取了名字，意思是"人造的"。1952年，在红巨星中发现了锝的吸收光谱，证实了恒星核合成的理论（见第43页）。Tc-99通过伽马辐射来衰变，同时释放出一个光子，因而被用于医学成像和癌症的靶向治疗。它的半衰期约为6h，与身体没有相互作用，因为它在自然界中并不存在。

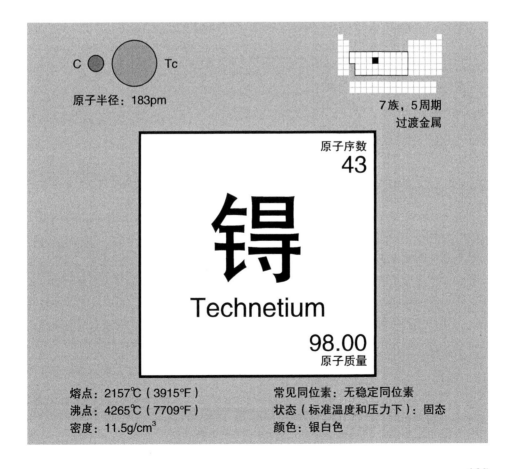

C ● Tc

原子半径：183pm

7族，5周期
过渡金属

原子序数
43

锝

Technetium

98.00
原子质量

熔点：2157℃（3915°F）
沸点：4265℃（7709°F）
密度：11.5g/cm³

常见同位素：无稳定同位素
状态（标准温度和压力下）：固态
颜色：银白色

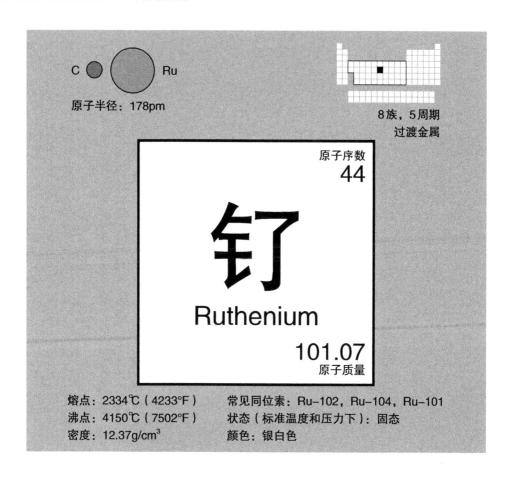

C ● ● Ru

原子半径：178pm

8族，5周期
过渡金属

原子序数
44

钌

Ruthenium

101.07
原子质量

熔点：2334℃（4233°F）　　常见同位素：Ru–102，Ru–104，Ru–101
沸点：4150℃（7502°F）　　状态（标准温度和压力下）：固态
密度：12.37g/cm³　　　　　颜色：银白色

钌

铂族金属（PGMs）是由元素周期表上最昂贵元素组成的家族。这一族6种金属以块状出现在过渡金属的中间地带，由钌、铑、钯、锇、铱和铂组成。它们的昂贵，既是由于它们的稀缺性，也是由于它们作为工业催化剂的实际用途。钌是铂矿石的一个小组成部分——PGMs倾向于在相同的沉积物中同时出现，而且大多数铂族金属，都是于19世纪初，从它们的合金——粗铂矿中分离出来的。然而，钌的发现却落后了大约50年。

在与其他元素的相互作用中，钌扮演了一个小配角。它能显著提高铂和钯合金的硬度，适用于耐磨的电触点。在一些高性能的超级合金中，它也是一个较小的成分。事实上，钌最突出的用途是在派克51钢笔上的"RU"笔尖上：这枚14克拉的金笔尖里有96.2%的钌和3.8%的铱。

铑

1979年，吉尼斯世界纪录大全向保罗·麦卡特尼颁发了一份镀铑的唱片，承认他是有史以来作品最畅销的艺术家。作为地球上最稀有和最昂贵的金属之一，铑甚至比铂更有价值。第45号元素是威廉·海德·沃拉斯顿在1804年发现的最后一个铂族金属——它的名字来自于这种贵金属的玫瑰色的溶液。

铑最初被用作抗腐蚀的电镀，并且仍在纯银上使用，以增加抗蚀性和光泽。它被用来制造熔炉中的热电偶丝，可以测量高达2000℃的炉温，以及用来制造非常精细的电线，在心脏起搏器中，把脉冲电信号直接传输给心脏细胞。然而，铑太稀有、太昂贵了，所以它很少被单独使用，而是通常与铂制成合金使用。每年生产出的少量铑有一大部分被用于制造三元催化器，降低汽车尾气排放对环境的损害。

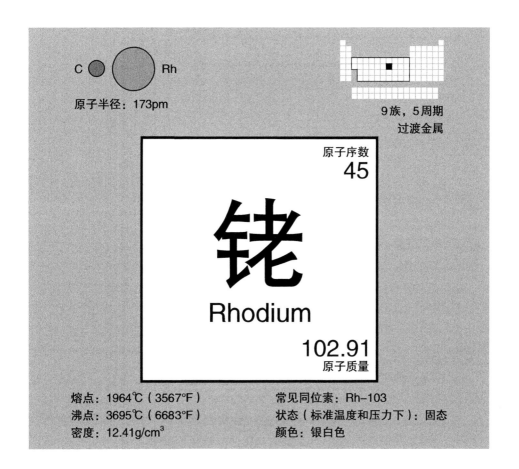

C ● ○ Rh

原子半径：173pm

9族，5周期
过渡金属

原子序数
45

铑

Rhodium

102.91
原子质量

熔点：1964℃（3567℉）　　常见同位素：Rh-103
沸点：3695℃（6683℉）　　状态（标准温度和压力下）：固态
密度：12.41g/cm³　　　　　颜色：银白色

127

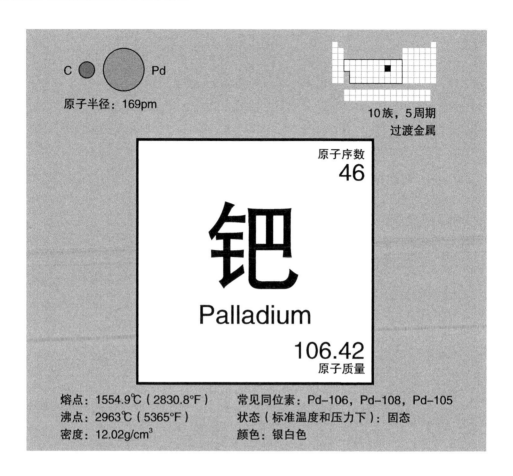

C ● ⬤ Pd

原子半径：169pm

10族，5周期
过渡金属

原子序数
46

钯

Palladium

106.42
原子质量

熔点：1554.9℃（2830.8°F）
沸点：2963℃（5365°F）
密度：12.02g/cm³

常见同位素：Pd-106，Pd-108，Pd-105
状态（标准温度和压力下）：固态
颜色：银白色

钯

1 802年，威廉·海德·沃拉斯顿提纯铂矿的秘密方法产生了新的元素。由于害怕正式发表他的发现后吸引其他的化学家进入这个领域，并危及他垄断铂市场的计划，他转而在报纸上登了一则广告，并开始以"新银"的名义将这种金属通过代理商卖出去。有了这个策略，他希望能在以后的工作中确立优先权，并在稍后的阶段来获取荣誉，来个名利双收。然而，当其他人认为这种新金属是"可鄙的欺诈"时，沃拉斯顿被迫坦白，公开了他的欺骗行为，这对他的声誉带来了严重的损害。

沃拉斯顿以新发现的小行星帕拉斯来给他发现的这种银白色、坚硬、致密的贵金属命名为"钯"。钯极其稀有，是所有金属中最有价值的一种，也是一种重要的工业催化剂。它被用于"裂化"反应，将原油混合物转化为有用的石化产品，以及减少有害汽车尾气排放的催化转化器。它还被用于电子电容器、牙填充物和珠宝首饰等领域。

银

光亮的银，是一种珍贵的金属，自古以来就倍受推崇。它是在其纯粹的天然态以及几种硫化物矿石和铅矿石中被发现的。与黄金相比，银的反应性更强烈，会在空气中慢慢失去光泽，而纯银锭也很少见。它被用于珠宝和饰品中，与铜和金一起被作为铸币金属（见第64页），被许多不同的文明铸造成货币。来自殖民地新世界的白银，为西班牙帝国提供了资金：西班牙银币在整个"文明开化"世界中被接受，尽管今天它最可能被人们所铭记的是作为被海盗们所觊觎的"八里亚尔的银币"。

尽管有这些古老的联系，但银仍有许多现代用途。作为电和热的最佳实用导体，它被用于高端音响设备（尽管它容易被腐蚀的倾向意味着经常用金作为替代品）。它还被用于制造在太阳能反射镜和反射望远镜中使用的超反射镜。更重要的是，微生物不能在银上生长，所以它还被用于制作无菌敷料，在医疗设备和水源净化方面也有许多应用。

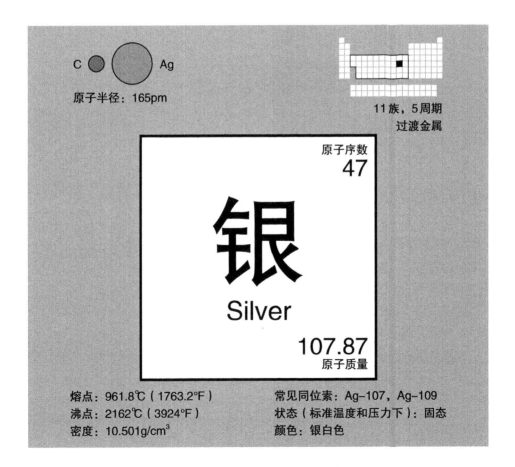

C ● ⬤ Ag

原子半径：165pm

11族，5周期
过渡金属

原子序数
47

银

Silver

107.87
原子质量

熔点：961.8℃（1763.2°F）
沸点：2162℃（3924°F）
密度：10.501g/cm³

常见同位素：Ag-107，Ag-109
状态（标准温度和压力下）：固态
颜色：银白色

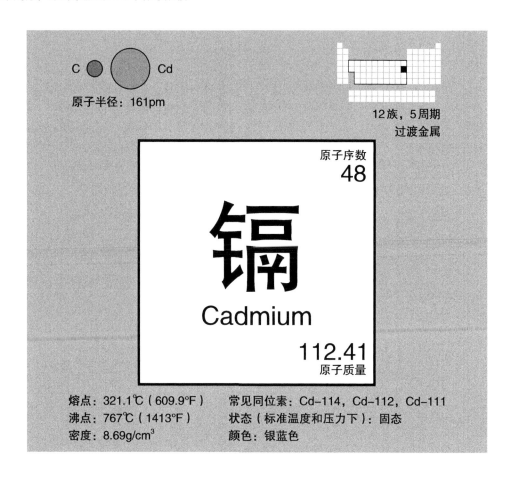

C ● ⬤ Cd
原子半径：161pm

12族，5周期
过渡金属

原子序数
48

镉

Cadmium

112.41
原子质量

熔点：321.1℃（609.9℉）
沸点：767℃（1413℉）
密度：8.69g/cm³

常见同位素：Cd-114，Cd-112，Cd-111
状态（标准温度和压力下）：固态
颜色：银蓝色

镉

镉是艺术家最喜欢的元素。这种银蓝色的金属在与其他元素合作之前其貌不扬。大多数过渡金属都会产生色彩鲜艳的化合物，但那些与镉形成的化合物，则会带来和其他任何元素都不相同的鲜活表现和冲击。从19世纪30年代末开始，一种新型的耐光的镉基黄色、橙色和红色颜料突然出现在市场上，尽管它们的成本高昂，但很快就被接受了。克劳德·莫奈的《阿让特伊的秋天》和《睡莲》就特别的与这种明亮的镉颜料联系到了一起。

镉化合物也被用于塑料的着色（天然气主管道外的橙黄色就来自于亚硒酸镉的颜色），但被禁止在儿童产品中使用：镉是一种重金属，即使是少量也是有毒的。由于拥有与锌类似的化学性质，因此第48号元素在锌矿床中无处不在，在每片镀锌钢板中都有微量的镉元素。然而，这一重金属的主要用途是制造镍镉充电电池，但这也为未来留下有毒废料的遗产。

铟

与镉一样，铟主要是作为锌矿石加工的副产品被生产出来的。它比银或汞稍微丰富一点，但它仍然是一种相对稀有的金属。柔软而有延展性，熔点很低，闪亮的铟容易点燃，放射出紫罗兰色的火焰，显示出其光谱中独特的靛蓝线，正是这赋予了这种金属的名字。

铟可以与其他金属熔成合金以降低其熔点。它的粘性以及与其他金属结合的能力使其被用作焊料以及密封垫圈。与许多金属不同，铟在低温下仍然可以工作，因此在低温泵和高真空环境中十分有用。铟锡氧化物（ITO）是一种坚硬、透明、导电的氧化物，被用于制造液晶显示屏和太阳能电池。液晶显示器需要在每个小格上都有电势，但也需要是透明的：当你看平板电视时，你正在盯着一片薄薄的ITO薄膜。此外，使用ITO的涂层窗户可以反射红外线（热），还可以通过电流，从而加热除冰。

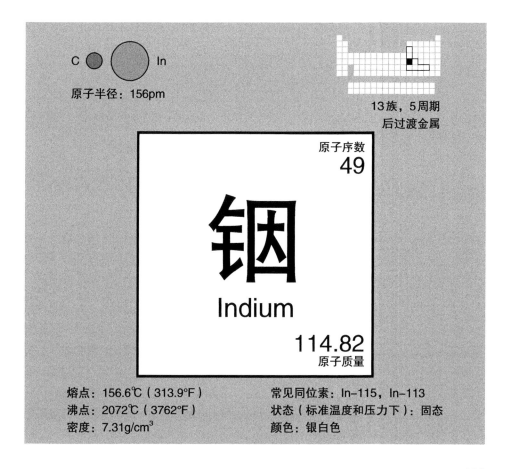

C ◯ In
原子半径：156pm

13族，5周期
后过渡金属

原子序数
49

铟

Indium

114.82
原子质量

熔点：156.6℃（313.9°F）
沸点：2072℃（3762°F）
密度：7.31g/cm³

常见同位素：In-115，In-113
状态（标准温度和压力下）：固态
颜色：银白色

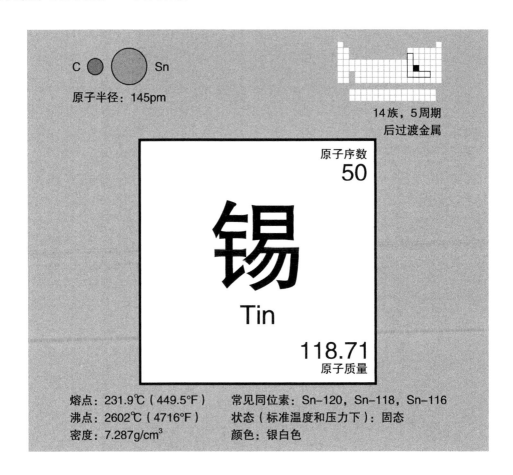

C ● ● Sn

原子半径：145pm

14族，5周期
后过渡金属

原子序数
50

锡

Tin

118.71
原子质量

熔点：231.9℃（449.5℉）　常见同位素：Sn-120，Sn-118，Sn-116
沸点：2602℃（4716℉）　状态（标准温度和压力下）：固态
密度：7.287g/cm³　　　　颜色：银白色

锡

锡是一种有点神秘的金属，它与我们的史前过去有所联系：锡是产生青铜时代的元素。事实上，它对罗马帝国至关重要，以至于遥远的康沃尔锡矿成为了一项具有重要战略意义的资源。它的化学符号，Sn，来自于它的拉丁名字，stannum。

锡是软的，容易熔化和铸造。它形成了一个闪亮的银白色水晶般的表面。当弯曲的时候，李晶发生剪切形变时会发出尖锐的吱吱声，也就是所谓的"锡哭"。锡为钢提供了颇具吸引力的耐腐蚀的镀层，它也是无毒的，可以用作包装食品的容器。作为一种几乎没有排斥的合金金属，它也被用于焊接，尽管"锡瘟"可能是一个问题：在寒冷的温度下，金属白锡（也就是"贝塔锡"）变成了一种叫作"阿尔法锡"的片状、非金属的同素异形体，它会导致恶化并破坏锡焊的电触点。铌-锡合金是一种高温超导体，被用于制造超导磁体线圈。

锑

锑是另一种古老的元素，在炼金术盛行的时代就被广泛使用。这种准金属被古埃及人所熟知，他们将矿物辉锑矿粉碎成黑色粉末，用于他们的浓重眼妆。辉锑矿是锑的主要矿石，也是其化学符号的来源。描述"女性锑"的罗马文本被解释为提到了金属态的锑，表明他们有一种分离元素的方法。当然，到了16世纪，生产金属锑的配方得到了广泛的应用。医师、哲学家帕拉塞尔苏斯的追随者们鼓吹说摄取锑对人体健康是有益处的。它被认为是用来净化身体的，但是事实上它会引起呕吐完全是因为它的毒性。

锑有时被称为"贫金属"，锑并不是电和热的良导体。即便如此，这种柔软、闪亮的材料主要被用于制造锡铅合金，如锡镴。大多数锑用于硬化在铅酸电池中的铅合金板。

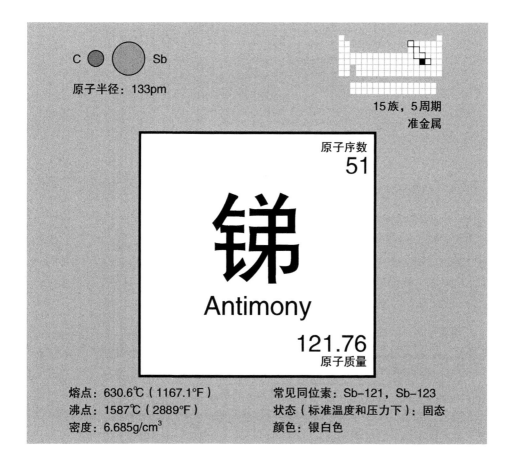

C ● ● Sb
原子半径：133pm

15族，5周期
准金属

原子序数
51

锑

Antimony

121.76
原子质量

熔点：630.6℃（1167.1°F）
沸点：1587℃（2889°F）
密度：6.685g/cm³

常见同位素：Sb–121，Sb–123
状态（标准温度和压力下）：固态
颜色：银白色

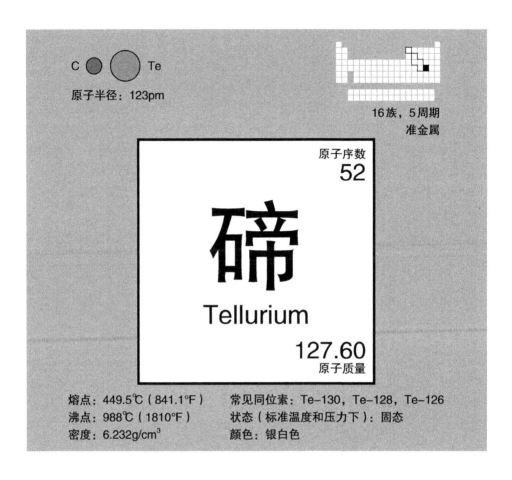

C ⬤ ◯ Te
原子半径：123pm

16族，5周期
准金属

原子序数
52

碲

Tellurium

127.60
原子质量

熔点：449.5℃（841.1℉）　　常见同位素：Te-130，Te-128，Te-126
沸点：988℃（1810℉）　　　　状态（标准温度和压力下）：固态
密度：6.232g/cm³　　　　　　颜色：银白色

碲

稀有元素碲是唯一一种能与金形成化合物的元素。金通常太过"高冷"，无法与在元素周期表上的任何一个相邻的元素发生反应。但当这种准金属在1782年首次被发现时，却是来自特兰西瓦尼亚的金矿石，因而最初被称为"悖论金"。相当巧妙，但巧合的是，碲的丰富程度也与黄金相当。马丁·海因里希·克拉普斯在1798年用拉丁词的"大地"来命名它。

碲是一种易碎的银白色的准金属，当它从熔融的液体中冷却时，它会形成巨大的晶体。与之打交道的化学家最好远离：即使是少量的接触，也能让处理者的身上有一种可以持续数周的蒜味。然而，凡人皆有得意日，碲化镉太阳能电池是目前可用的太阳能电池之中最好的。CD、DVD和蓝光光盘都将数据编码在一个"相改变"的银、锑、锡和碲化合物的薄层上。激光加热将这些晶体材料的小块变成玻璃体，改变其光学特性，从而能够储存信息。

碘

碘是第一个固体卤素元素，尽管它的性质似乎与此不符。当被加热时，它会升华，从固相直接转变为气相，而不会停下来变成液体。虽然大多数元素的固体都是闪亮的银白色金属或暗灰色的非金属（除了明显例外的铜、金和硫），但碘是蓝黑色的。当碘以气态形式存在时，它显示出一种鲜艳得令人惊叹的紫罗兰色。

卤素的反应性随着族内往下依次降低（见第72页）。因此，碘的反应性比氯或溴的反应性要弱，但比砹反应活跃——然而，在实践中，砹是如此罕见，以至于碘可以视为最不活泼的卤素。作为一种强有力的抗菌剂，它被用来净化水以及被用作防腐剂：碘是在手术前被涂在病人身上的黄棕色膏的活性成分。它也是生物中被广泛使用的最重的必要元素。如果饮食中碘的摄入不足，就会导致甲状腺功能减退，从而无法正确地调节人体的新陈代谢。

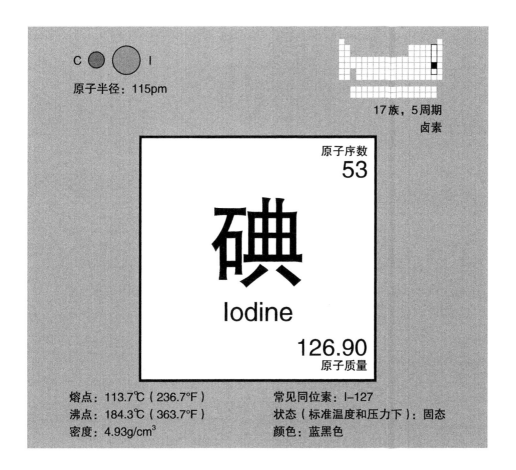

C ◯ ⬤ I
原子半径：115pm

17族，5周期
卤素

原子序数
53

碘

Iodine

126.90
原子质量

熔点：113.7℃（236.7°F）
沸点：184.3℃（363.7°F）
密度：4.93g/cm³

常见同位素：I-127
状态（标准温度和压力下）：固态
颜色：蓝黑色

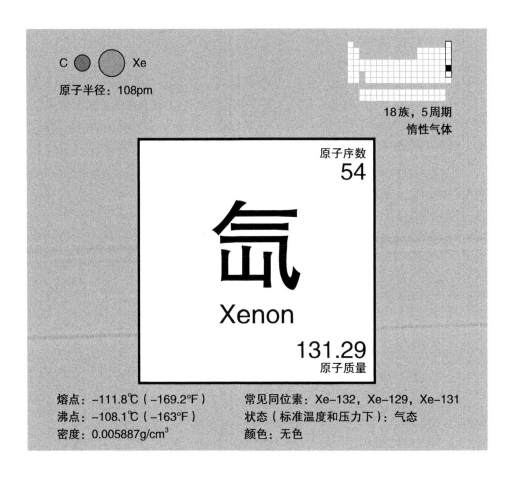

C ● ● Xe
原子半径：108pm

18族，5周期
惰性气体

原子序数
54

氙

Xenon

131.29
原子质量

熔点：–111.8℃（–169.2℉）　常见同位素：Xe-132, Xe-129, Xe-131
沸点：–108.1℃（–163℉）　状态（标准温度和压力下）：气态
密度：0.005887g/cm³　颜色：无色

氙

氙气的名字，本来的意思是"奇怪的家伙"，1898年，威廉·拉姆塞发现了它和氪、氖（见第118页）。这种无色、无味的惰性气体甚至比氪更稀有，是空气中最小的一部分，其所占的比例非常小，仅为一亿分之九。它是一种单原子气体。

然而，氙气这样一种稀有而昂贵的气体是被广泛使用的。在放电管中，或者在高压电弧下，这一气体闪烁着明亮的白光——这种特性，让氙被用于制造相机闪光灯、汽车头灯和电影放映机灯。氙气比空气重，在化学上是惰性的，它也被用于未来的宇宙飞船的等离子推进器。它也是第一个可以形成化合物的惰性气体：尼尔·巴特莱特1962年合成的六氟合铂酸氙，证明了第18族的元素可能并不是那么"高贵"（高贵一词，也有惰性的意思——译者注）。1981年，氙气也被用于原子力显微镜的前沿探索，当时，唐·艾勒用探针尖将35个氙原子拼出了字母"IBM"。

铯

只有在油中，或者在惰性的氩气、氮气的环境下，铯才能被安全地操作，它是一种带有暴躁的脾气的淡金色的金属。在所有的元素中，它是最大的原子半径，所以除去它唯一的外层电子真是非常容易。这种碱金属很柔软，会在手上融化，如果它足够安全、可以这么做的话。但是，铯就像一把扳机已经松动，并装满子弹的枪，哪怕是最轻微的空气和水的接触，都会让它发生爆炸。事实上，大多数化学家认为铯是所有元素当中反应性最强的。

在地壳中，铯是一种"不相容的元素"：它的大尺寸阻止了它的原子融入到大多数固体的晶格中。因此，它唯一的来源是在岩浆结晶形成的稀有矿物的伟晶岩中。铯还支撑着全球时间标准：世界上最精确的原子钟——在100万年里精确到1s——通过Cs-133原子吸收或释放的微波光的精细调谐频率来进行测量。1s被精确地定义为9，192，631，770个这样的周期。

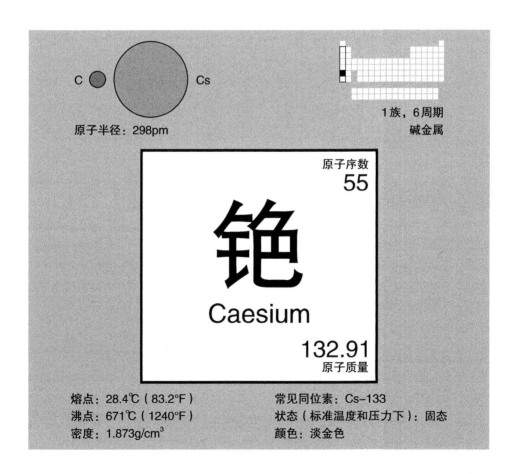

C ◯ Cs

原子半径：298pm

1族，6周期

碱金属

原子序数
55

铯

Caesium

132.91
原子质量

熔点：28.4℃（83.2°F）
沸点：671℃（1240°F）
密度：1.873g/cm³

常见同位素：Cs-133
状态（标准温度和压力下）：固态
颜色：淡金色

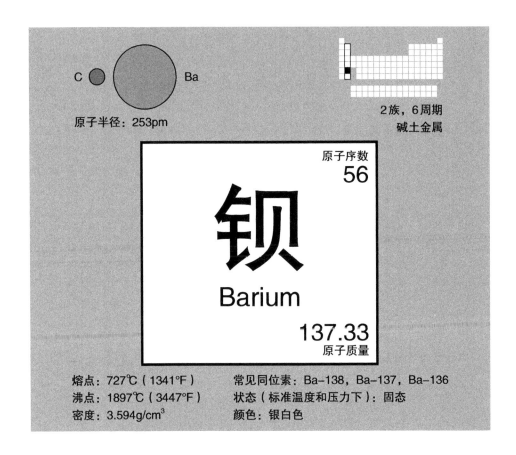

C ● ● Ba

原子半径：253pm

2族，6周期
碱土金属

原子序数
56

钡

Barium

137.33
原子质量

熔点：727℃（1341°F）　　　常见同位素：Ba-138，Ba-137，Ba-136
沸点：1897℃（3447°F）　　　状态（标准温度和压力下）：固态
密度：3.594g/cm³　　　　　　颜色：银白色

钡

"重" 是对钡元素最合适的定义了。在元素周期表偏下的部分里，高密度、大原子量的元素就变得很常见了。1808年，汉弗莱·戴维爵士通过电解熔融状态的钡盐首次分离出了钡元素，但早在1774年，卡尔·威廉姆·舍勒就在重晶石矿物中把钡作为一种新的元素辨别了出来。和较轻的碱土金属相比，钡的化学性质更活泼，在自然界中，想找到柔软、银亮的钡金属是根本不可能的——它都和其他元素结合在一起了。因为它很容易反应的性质让它被当作"吸气剂"：放在真空管里，除掉其中残留的痕量气体。

粉碎的重晶石（硫酸钡）被添加到钻井的泥浆中作为增重剂，以确在保油井、天然气井的钻探过程中，泥浆能够提供足够的压强。硫酸钡也被制成一种白色的粘稠糊状物，被称为"钡餐"：它被用于医学诊断，这种沉重的物质能够阻挡X射线，从而让食道和肠道得以成像。硫酸钡在水里溶解非常困难，所以让它用于诊断是很安全的，但碳酸钡却是一种老鼠药，它能够溶解在胃酸之中，只要不到1g，就可能导致死亡。

镧

镧是庞大的镧系元素中的第一个元素，这个系列通常是在元素周期表的下方单独列出来，而一个全尺寸版本的元素周期表就会显示出这些"f-区"元素在周期表里的真正位置（见第65页）。1839年，瑞典化学家卡尔·古斯塔夫·莫桑德尔在铈硅石矿物中发现了它，并用希腊语中的"Lanthano"一词为它命名，意思时"以谎言掩藏"。1842年，莫桑德尔又完成了对镧元素的精练，并在此过程中，以为又发现了另一种隐藏在其中的元素，他将其命名为"钕镨"（didymium）（译者注：后来证明，他发现的实际上只是铷和镨的混合物）。

和大多数镧系元素一样，镧是一种柔软而有韧性、闪闪发亮的金属。一台典型的混合动力汽车里通常就含有10~15kg（22~33磅）的镧，来作为车的电池里的电极。虽然镧的含量并不是特别稀少，但镧的制造成本还是很昂贵的，所以电池阳极并不会使用纯的镧金属，而是含有50%的其他稀土金属材料。电子显微镜的探针尖端是用六硼化镧制造的，而在高端的照相机镜头中，也会添加一些镧的氧化物，以增强其硬度和清晰度。

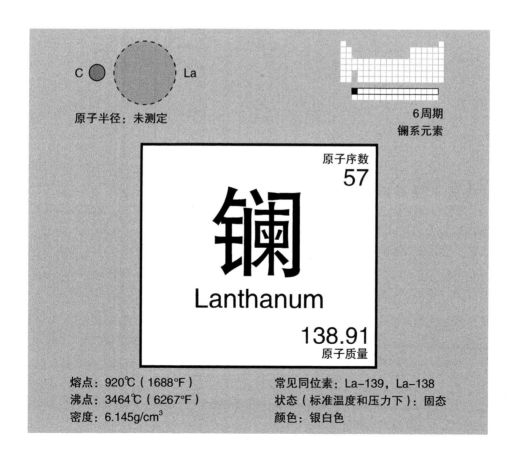

C ◯ La

原子半径：未测定

6周期
镧系元素

原子序数
57

镧
Lanthanum

138.91
原子质量

熔点：920℃（1688°F）　　　常见同位素：La-139，La-138
沸点：3464℃（6267°F）　　　状态（标准温度和压力下）：固态
密度：6.145g/cm³　　　　　　 颜色：银白色

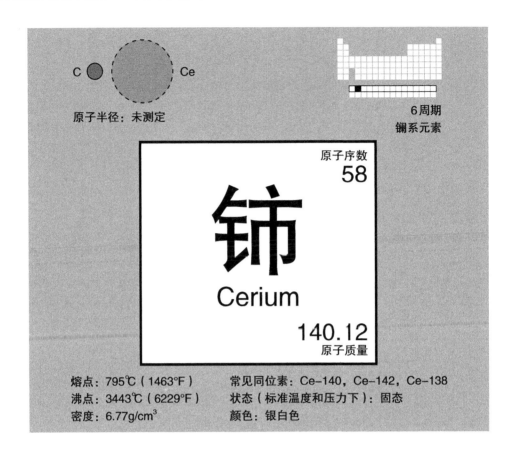

原子半径：未测定

6周期
镧系元素

原子序数
58

铈

Cerium

140.12
原子质量

熔点：795℃（1463°F）　　常见同位素：Ce-140，Ce-142，Ce-138
沸点：3443℃（6229°F）　　状态（标准温度和压力下）：固态
密度：6.77g/cm³　　　　　　颜色：银白色

铈

镧系元素的故事实际上是从铈元素开始的。1794年，约翰·高德林从瑞典伊特比出产的氧化钇的矿物中发现了一种新元素——钇（见第121页），而另一种重矿物质元素——铈，则分别吸引了化学家威廉姆·希生格尔（Wilhelm Hisinger, 1766—1852）、琼斯·雅各布·柏齐里格斯（Jöns Jakob Berzelius）和马丁·克拉普罗斯（Martin Klaproth）的注意。1839年，卡尔·莫桑德尔从氧化铈中分离出了纯的铈元素以及另一种"土"，他将其命名为"镧"，从而掀开了这套全新的稀土元素系列的盖头。

铈的名字来源于一颗挺大的小行星——谷神星，它是一种"发火"（用于生火）的物质：当它和空气接触时，铈的薄片就会自发地产生微小的火星。用一个"混合稀土"的打火石去撞击钢制的砂轮就会撞下一些微小的颗粒，从而点燃篝火或打火机。有一种"混合金属"，通常是由铈、镧和少量的钕和镨组成的，在电影特效中，它可以产生暴雨一般飞溅的大量火花。此外，把氧化铈加入到玻璃之中可以让玻璃呈现出金黄色，并阻挡紫外线透过。

镨

镨是同时被发现的两个"双胞胎"元素之一。1841年，当瑞典化学家卡尔·莫桑德尔从他的"铈矿石"中分离出镧元素时，还得到了另一种元素，他将其称为"钕镨"（实际上是一个混合物——译者注）。然而，很像俄罗斯套娃，"钕镨"可以拆分后再拆分，其中至少包含了5种新的元素。1885年，奥地利化学家卡尔·奥尔·弗莱赫尔·冯·韦尔斯巴赫（Carl Auer von Welsbach，1858—1929）在钕镨中发现了镨元素（意为"绿色的双胞胎"）和钕元素（意为"新的双胞胎"）。

"钕镨"这个名字如今依然被用来称呼镨和钕元素的混合物。"钕镨玻璃"被用来制造护目镜，以保护吹玻璃的工匠或铁匠的眼睛。这些防护眼镜能够有效地过滤由炽热的钠元素所发出的黄色眩光，让他们在工作时的视野更好，并且也能预防眼睛被伤害。镨是一种银亮的金属，易于加工，反应活性较高，在其表面上，能够迅速形成一层污绿色的氧化物。它是稀土"打火石"中的一种次要成分（见第140页），并能将立方氧化锆染色以模仿稀有的橄榄石。

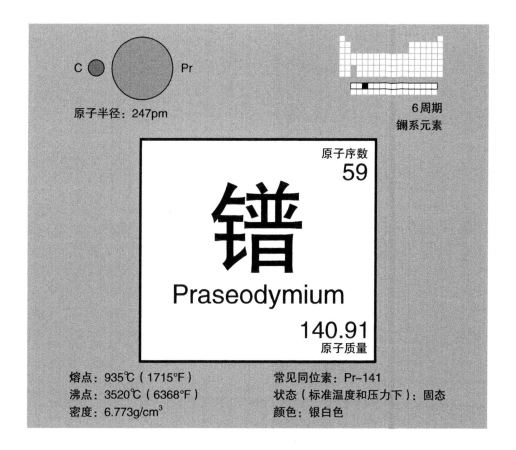

原子半径：247pm

6周期
镧系元素

原子序数
59

镨

Praseodymium

140.91
原子质量

熔点：935℃（1715°F）
沸点：3520℃（6368°F）
密度：6.773g/cm³

常见同位素：Pr-141
状态（标准温度和压力下）：固态
颜色：银白色

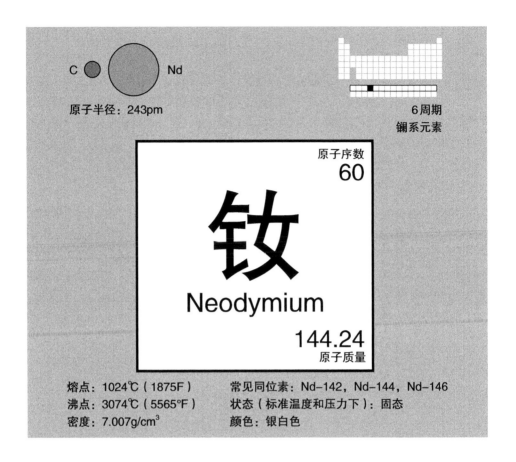

原子半径：243pm

6周期
镧系元素

原子序数
60

钕

Neodymium

144.24
原子质量

熔点：1024℃（1875F）
沸点：3074℃（5565°F）
密度：7.007g/cm³

常见同位素：Nd-142，Nd-144，Nd-146
状态（标准温度和压力下）：固态
颜色：银白色

钕

钕是"小型化"的技术革命中不可缺少的元素之一。这个"第60号元素"（名字本意是"新的双胞胎"，见第141页），被大量地用于制造"钕磁体"（当然，这实际上是铁、硼、钕3种元素的化合物，即$Nd_2Fe_{14}B$）。这些小小的永磁体却有着令人难以置信的强磁性：用一块只有几克重的钕磁体就可以提起一个质量是它上千倍的物体。它们的强磁性被用在各种场合，但有时候，磁力较弱的磁体也是被需要的——例如笔记本电脑、硬盘、手机的震动装置、扬声器、耳机、话筒、四轴无人机、做手工用的电钻、电动螺丝刀甚至是涡轮风扇之中。

掺杂了钕的钇-铝-石榴石晶体被用于制造激光器"Nd:YAG"，这是一种最常见的固态激光器，被用于切割和焊接人体组织、牙齿和钢板。和许多其他的稀土元素类似，钕也被用于玻璃的染色，可以产生一系列从粉红到丁香色的色调来。在镧系元素中，钕的储量仅次于铈，所以并不是特别稀少。

钷

在希腊神话中，泰坦巨人普罗米修斯从奥林匹斯山上偷来了火种，并将它带给了人类。这给他带来了奇特而非常恐怖的惩罚：每天，一只鹰会来啄食他的肝脏，但到了夜晚，肝脏又长回了原样。还好，对第61号元素钷的发现，并没有把这样的厄运带给它的发现者们——吴健雄、艾米奥·塞格雷（Emilio Segrè）和汉斯·贝特（Hans Bethe）。

作为两个原子序数低于83，但又没有稳定同位素的元素之一，钷是镧系元素中最后一个被发现的。它是由美国橡树岭国家实验室在1942年人工合成的，从而填上了元素周期表中的最后一个空缺。钷在自然界里并不存在，但在370光年外的宇宙空间里，有一颗被叫作Przybylski的特殊恒星会喷发出钷元素、锝元素以及其他多种重元素。Pm-147并不是钷最稳定的同位素，但却是应用最广的一种。它能释放出 β 射线，在放射性同位素温差发电机（RTGs）中充当燃料，为太空船提供电力，同时，也在工业上被用来测量板材的厚度。

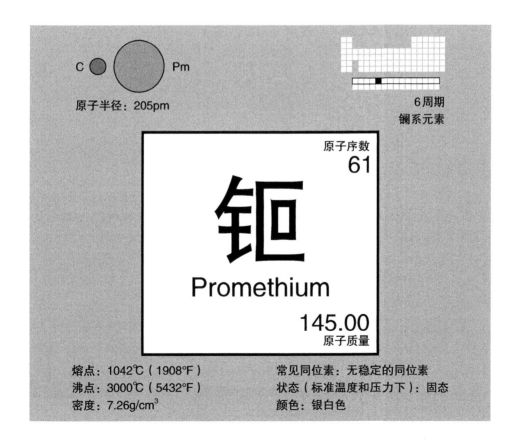

C ⬤ Pm

原子半径：205pm

6周期
镧系元素

原子序数
61

钷
Promethium

145.00
原子质量

熔点：1042℃（1908°F）
沸点：3000℃（5432°F）
密度：7.26g/cm³

常见同位素：无稳定的同位素
状态（标准温度和压力下）：固态
颜色：银白色

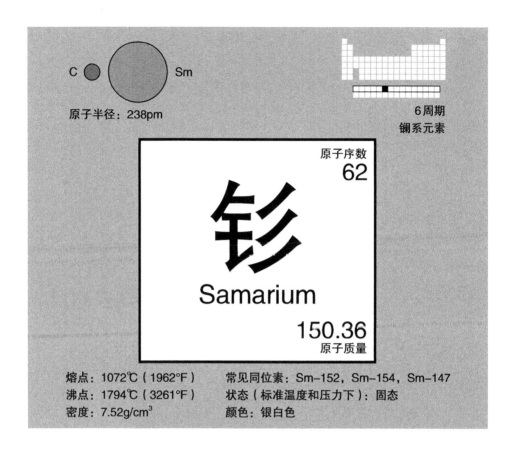

C ○ ● Sm

原子半径：238pm

6周期
镧系元素

原子序数
62

钐
Samarium

150.36
原子质量

熔点：1072℃（1962°F）　　　常见同位素：Sm-152，Sm-154，Sm-147
沸点：1794℃（3261°F）　　　状态（标准温度和压力下）：固态
密度：7.52g/cm³　　　　　　　颜色：银白色

钐

并 没有多少元素是以人的名字来命名的，而仅有的那些也几乎都来自于某位著名科学家的名字。不过，钐元素却非常独特——它使用了一个中级军官的名字。1879年，勒科克·德·布瓦博德兰（Paul-Émile Lecoq de Boisbaudran）在铌钇矿中发现了这种元素，而这个矿井则是用它的矿长——俄国官方任命的瓦西里·萨玛拉斯基-柏克霍威特上校的名字来命名的，所以，这个萨玛拉斯基上校就成了世界上第一个以自己的名字来命名元素的人。

　　在铕和镱之后，钐是反应性最强的镧系元素。尽管它也被归为稀土金属之列，但实际上它的储量并不短缺——在地球上，钐比锡要更常见。钐—钴磁铁，是第一种稀土磁体，但现在大部分都已被或强或弱的钕磁体所取代（见第142页）。不过，它们依然在电吉他中被用作拾音棒，在电贝斯上充当拾音片。许多钐的化合物都是重要的催化剂，在塑料和石化工业上有广泛的应用。

铕

2002年1月1日，一种新的欧元纸币开始在欧盟范围内流通。欧元纸币拥有一大堆高科技的防伪措施，旨在打击假钞。其中很关键的一项措施就是用荧光化合物标识出纸币上的星星与欧盟地图，以及其他的装饰性图案，例如5欧元券上的加德桥图案。在特定波长的光线下，这些荧光物质会显示出红色、绿色和蓝色的亮光。而根据荷兰特温特大学研究人员的分析，荧光物质之中就含有铕的化合物。铕的元素符号是"Eu"，这与欧盟的缩写（EU）恰好是一个漂亮的双关语。

铕的氧化物被用作"荧光粉"，也就是节能灯的内壁上喷涂的那一层白色粉末。这些粉末让这些紧凑的荧光灯有着更好的质量。和多数"稀土元素"不同，铕是真的非常稀少。在很多稀土矿藏中都能找到铕元素，但其含量往往只有1/1000左右。根据一些研究的结论，在下一代的量子计算机的储存芯片中，铕也会有一个光明的应用前景。

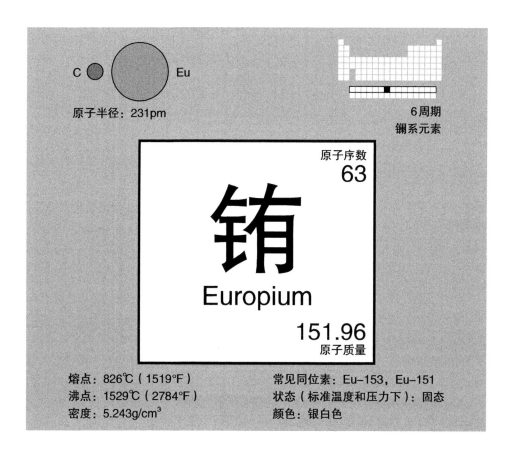

原子半径：231pm

6周期
镧系元素

原子序数
63

铕

Europium

151.96
原子质量

熔点：826℃（1519°F）
沸点：1529℃（2784°F）
密度：5.243g/cm³

常见同位素：Eu-153, Eu-151
状态（标准温度和压力下）：固态
颜色：银白色

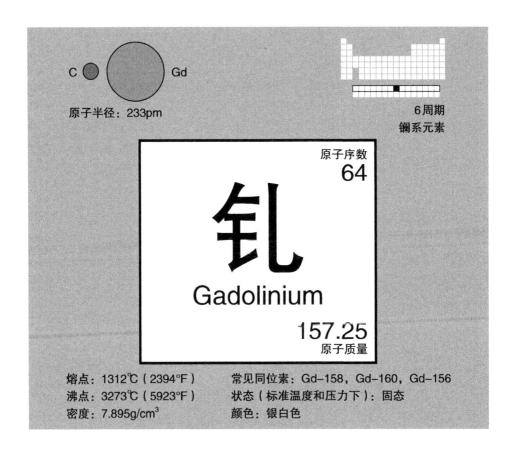

原子半径：233pm

6周期
镧系元素

原子序数
64

钆

Gadolinium

157.25
原子质量

熔点：1312℃（2394°F）　　常见同位素：Gd-158，Gd-160，Gd-156
沸点：3273℃（5923°F）　　状态（标准温度和压力下）：固态
密度：7.895g/cm³　　　　　　颜色：银白色

钆

钆 是镧系中另一个由勒科克·德·布瓦博德兰发现的元素。虽然瑞士化学家让－夏尔·加利萨·德马里尼亚（Jean Charles Galissard de Marignac，1817—1894）在1880年就得到了它的光谱，但把它从硅铍钇矿分离出来则是法国人布瓦博德兰在1886年实现的。

镧系元素的原子，大小都很相似，并且都倾向于携带+3价的正电荷。这就意味着它们的化学性质非常相似，也解释了为何分离它们如此困难。镧系元素的化合物是有毒的，但是螯合，也就是让有机分子围绕在金属离子周围就可以让它们变得稳定，并降低它们的毒性。钆的螯合物被用于磁共振成像（MRI）中的造影剂：将它注入血管之中，它的顺磁性（让磁场"增强"的能力）就会把人体的软组织清楚地标识出来。钆还能有效地清除中子，所以被用在核反应堆的防护壳、控制杆，以调控核裂变反应的进行，甚至可以紧急停止反应堆。

铽

1842年，卡尔·莫桑德尔从二氧化铈矿石中分离出了铈元素、镧元素和"钕镨"。一年之后，他又研究了另一种稀土矿石——氧化钇。他将这种物质分成3个部分：黄色的"稀土"，被他命名为氧化铒，玫瑰色的部分称之为氧化铽，而无色的部分则被他继续称为氧化钇。不过，1860年，随着光谱仪的发明（见第50页），证明氧化铽和氧化铒中还藏有更多的元素。不知为何，莫桑德尔的这两个命名后来却被对调过来使用了：1880年，让·夏尔·德马里尼亚从莫桑德尔所称的氧化铒中分离出了一个新元素，他把它命名为铽。

像铕一样，铽的主要用途还是制造荧光粉：氧化铽有一种黄绿色的荧光。和蓝色的铕（+2价离子）荧光粉、红色的铕（+3价离子）荧光粉一起使用，就能创造出模仿日光的三色荧光，被用在绝大多数的普通节能灯之中。此外，一些铽的化合物具有"摩擦发光"的性质，当它们受到一定程度的冲击力或压力时，就会发出荧光来。这些物质因此可以用于显示机翼、建筑物和其他结构所受到的压力。

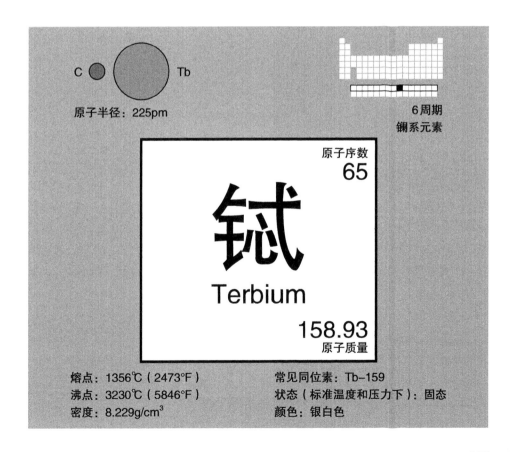

C ● Tb

原子半径：225pm

6周期
镧系元素

原子序数
65

铽

Terbium

158.93
原子质量

熔点：1356℃（2473°F）
沸点：3230℃（5846°F）
密度：8.229g/cm³

常见同位素：Tb-159
状态（标准温度和压力下）：固态
颜色：银白色

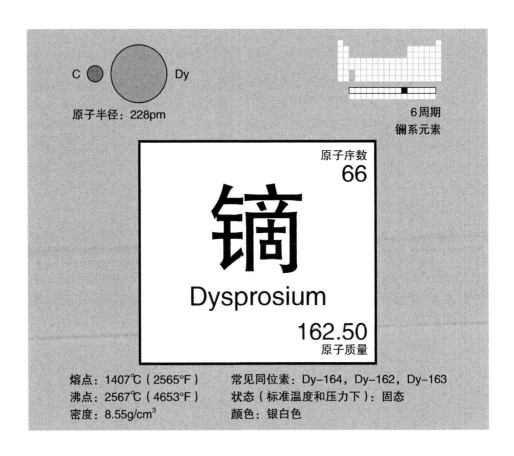

C   Dy

原子半径：228pm

6周期
镧系元素

原子序数
66

镝

Dysprosium

162.50
原子质量

熔点：1407℃（2565°F）
沸点：2567℃（4653°F）
密度：8.55g/cm³

常见同位素：Dy-164，Dy-162，Dy-163
状态（标准温度和压力下）：固态
颜色：银白色

镝

镝是另一个从氧化钇矿石中被分离出来的镧系元素（见第147页）。尽管这个名字听起来富有神话色彩，但它的词源实际上来自于"赶路者"的意思。1886年，法国化学家保罗-埃米尔·勒科克·德布瓦博德兰（Paul-Émile Lecoq de Boisbaudran）花了一年的时间，尝试了30多次，才将镝从它的氧化物中分离出来。所以，在成功之后，他就用希腊语里的"dysprositos"这个词来给这种元素命名，意思是"难以企及"。

幸好，提取镝的现代工艺要比当年顺畅得多。今天，镝已经是一个很实用的元素了。因为它很难独立存在，这个第66号元素就很有团队精神：它与镧系元素有着相似的物理、化学性质，因此，就在许多稀土化合物中起到辅助的作用。例如，它强大的磁性就让它很适合用于制造计算机的硬盘，在钕磁体中，它的含量约为6%。而当镝和铽、铁联合使用时，就能制造出"磁致伸缩"的合金"Terfenol-D"来。这种材料在外界磁场的作用下，可以改变它自身的形状。

钬

1878年，瑞士化学家马克·德拉芬丹（Marc Delafontaine，1837—1911）和贾克斯-路易斯·索瑞特（Jacques-Louis Soret，1827—1890）发现了一些之前未曾被记录过的谱线。出于一种戏剧性的眼光，他们将这个发现称之为"X元素"。一年之后，瑞典化学家普·特奥多·克里夫（Per Teodor Cleve，1840—1905）将这种元素分离出来，并以他的故乡斯德哥尔摩的拉丁名，将其命名为"钬"。

相对于它的储量而言，钬被认为是"镧系元素中最没有被充分利用的那一个"，但有一个问题通常会被忽视：钬在地壳中的储量大概是是银的20倍。它的主要用途是在科学研究上：钬是所有元素中磁矩（磁力）最强的一种，在低温强磁体领域中，它被用作极杆，起到增强磁场的作用。而将它加入玻璃中，就可以制造用于校准光谱仪的滤光片。掺杂了钬的YAG晶体，可以产生频率在微波波段上的激光，用于某些手术上，因为这种激光可以大量被水吸收，而不会渗入其他组织中。

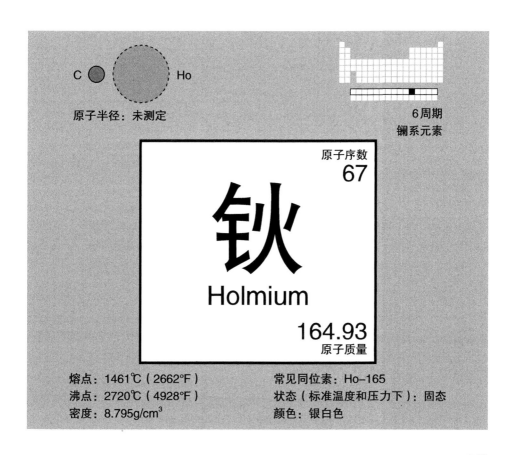

C ⬤ Ho

原子半径：未测定

6周期
镧系元素

原子序数
67

钬

Holmium

164.93
原子质量

熔点：1461℃（2662℉）
沸点：2720℃（4928℉）
密度：8.795g/cm³

常见同位素：Ho-165
状态（标准温度和压力下）：固态
颜色：银白色

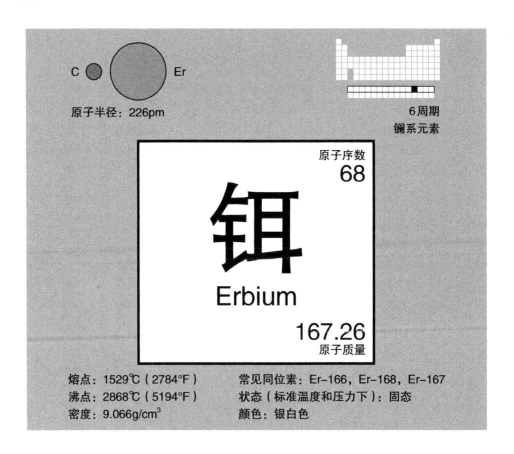

C ⚫ ⬤ Er

原子半径：226pm

6周期
镧系元素

原子序数
68

铒

Erbium

167.26
原子质量

熔点：1529℃（2784°F）
沸点：2868℃（5194°F）
密度：9.066g/cm³

常见同位素：Er-166，Er-168，Er-167
状态（标准温度和压力下）：固态
颜色：银白色

铒

软、银白色，容易与空气和水发生反应——铒和其他的镧系金属很相似。1843年，化学家卡尔·莫桑德尔从氧化铒矿石中首次发现了它（见第147页），但直到1879年，瑞典化学家普·特奥多·克里夫才最终完成了这种元素的分离工作。

铒能够帮助世界彼此相连起来：由光缆携带的数据在整个互联网上不停地闪现，但在光缆中来回反射时，光束就会因此而损失能量。因此，每隔50km，人们就会在光缆中装一小段掺铒的玻璃纤维，以起到放大器的作用，能够让光信号的强度倍增。当玻璃中的铒被激活时，它们就会在特定的频率发出光来，这个频率就是光缆中衰减最少的频率。铒化合物通常呈现一种奇妙的淡粉红色，因此，把三氯化铒添加到玻璃之中就可以制造彩色的珠宝和太阳镜。此外，掺铒的Er:YAG晶体可以产生近红外激光，用于激光脱毛、牙科和皮肤科疾病的治疗。

铥

铥是从稀土矿物（氧化铒矿）中分离出来的7个镧系元素之一。瑞典化学家普·特奥多·克里夫在1879年将其从稀土矿物中分离出来，并将其命名为"铥"。这个名字来源于"Thule"，他认为这就是希腊语中"斯堪的纳维亚"的名字。实际上，这个词的意思是"极北之地"，也即"已知的世界的最北边"，但名字既然已经定下来了，想要再改变也晚咯。

分离提纯上的困难以及它的稀缺性（镧系元素中，除了钷之外，它就是最稀少的了）让铥的价格很昂贵。1911年，英国化学家查尔斯·詹姆斯（1880—1928）用了15 000次重结晶的操作才得到了纯净的氯化铥。镧系元素都很难分离开来，因为它们的原子半径相似，又都易形成+3价的离子，使得它们能够很愉快地彼此混合在一起。因为电子的屏蔽效应，随着电子数的增加，大多数元素的原子尺寸都会随之增加（见第76页），但镧系元素的原子半径实际上是逐级减小的。这种"镧系收缩"效应主要影响f块元素，因为4f亚层上的电子屏蔽效果很有限。

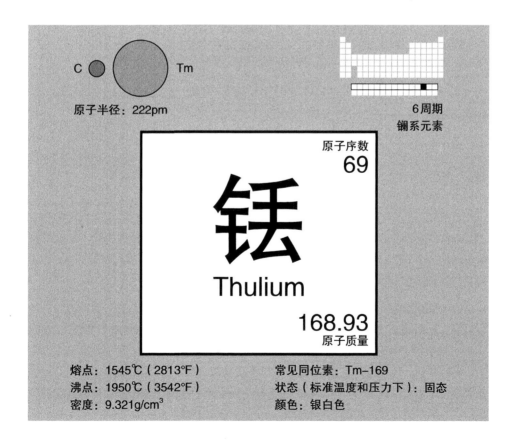

C ◯ ⬤ Tm

原子半径：222pm

6周期
镧系元素

原子序数
69

铥
Thulium

168.93
原子质量

熔点：1545℃（2813℉）
沸点：1950℃（3542℉）
密度：9.321g/cm³

常见同位素：Tm-169
状态（标准温度和压力下）：固态
颜色：银白色

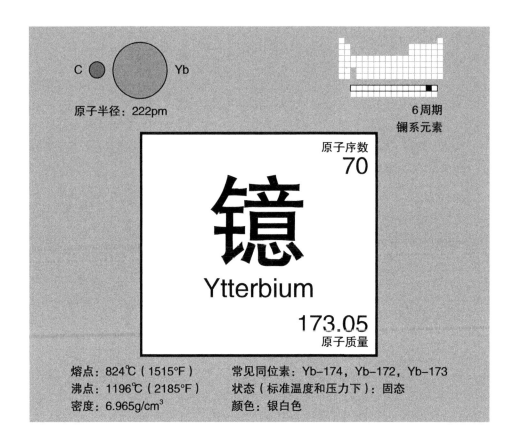

6周期
镧系元素

原子序数
70

镱

Ytterbium

173.05
原子质量

C ● ○ Yb
原子半径：222pm

熔点：824℃（1515°F）　　常见同位素：Yb-174，Yb-172，Yb-173
沸点：1196℃（2185°F）　　状态（标准温度和压力下）：固态
密度：6.965g/cm³　　　　　颜色：银白色

镱

1878年，让·夏尔·加利萨·德马里尼亚发现了最后一种隐藏在氧化铒中的稀土元素。他将其称之为"镱"，也就是"瑞典"的意思，瑞典是许多稀土矿物质被找到的地方。1907年，镱被证明还可以继续分离，从而显露出镥元素来（见第153页）。而要将纯净的镱元素分离出来，就要等到1953年了。

镱可以制造世界上最精确的原子钟，比铯原子钟还要精确100倍。它们可以被用来测量广义相对论中的那些极微妙的效应，例如"时间在重力的作用下变慢"。在每1s内，这个原子钟会"滴答"的振荡518万亿次，也即镱原子内在激光的刺激下发生的精细的跃迁，这个跃迁发生在光波的波长范围内，而不是微波的波长范围内。镱的放射性同位素可以作为移动X光机的辐射源。而掺杂了镱的不锈钢则会降低金属晶粒的尺寸，从而使其产生意想不到的效果——变得非常坚硬。

镥

1907年，3名研究人员各自独立地在氧化镱矿石中找到了另一种隐藏的元素。法国化学家乔治·于尔班（Georges Urbain，1872—1938）将其命名为"镥"，这个名字来源于"Lutetia"一词，这是他的故乡巴黎的拉丁文名字；奥地利化学家卡尔·奥尔·冯·韦尔斯巴赫（Carl Auer von Welsbach）则将其称之为"cassiopeium"，意为"星座"。尽管这个争议在1909年被正式解决，但出于爱国热情，许多德国科学家依然使用韦尔斯巴赫提出的那个名字，直到20世纪50年代才渐渐改过来。（第3个人是查尔斯·詹姆斯，是一名英国科学家，当时在新罕布什尔州大学工作，却被彻底排除在争论之外。）

镥是最坚硬、密度最高的稀土金属，熔点也最高。它主要存在于磷矿石——独居石的沉积物中，但因为提炼非常困难，使其成本居高不下，从而限制了它的应用。尽管如此，镥有时也被用作石油裂解时的催化剂。尽管地球上很多地方都发现了包含镥的稀土矿物，但今天中国依然主导着稀土矿物的生产。

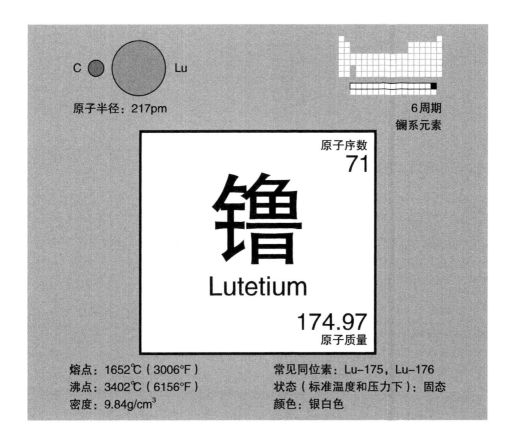

C   Lu

原子半径：217pm

6周期
镧系元素

原子序数
71

镥

Lutetium

174.97
原子质量

熔点：1652℃（3006℉）
沸点：3402℃（6156℉）
密度：9.84g/cm³

常见同位素：Lu-175，Lu-176
状态（标准温度和压力下）：固态
颜色：银白色

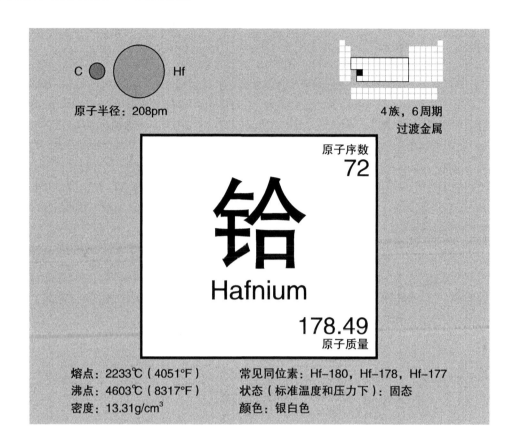

C ◯ ⬤ Hf

原子半径：208pm

4 族，6 周期
过渡金属

原子序数
72

铪

Hafnium

178.49
原子质量

熔点：2233℃（4051°F）
沸点：4603℃（8317°F）
密度：13.31g/cm³

常见同位素：Hf-180，Hf-178，Hf-177
状态（标准温度和压力下）：固态
颜色：银白色

铪

德米特里·门捷列夫对于较重元素的预测稍逊于他对于较轻元素的预测结果。不过，他在 1869 年对于比钛和锆还要重的类似元素的预测、模拟则有一个成功的预测。它们位于周期表上过渡元素和镧系元素之间的边界地带，而研究人员最初并不确定该去哪几寻找它们。1921 年，两名年轻的丹麦科学家在尼尔斯·波尔（Niels Boh）的启发下，尝试着去锆矿石中搜寻它们，并且在很短时间内就有了成果。

和锆类似，铪有着优异的耐热、耐腐蚀性能。但和镧系元素的其他成员不同，铪对于中子有强大的吸收能力。因此，它被用来制造控制棒，调节核反应堆中的裂变反应（所以，在锆被装进反应堆之前，必须先从中除去铪的杂质）。目前，因为铪的稀有性限制了它的应用。不过，它也许有一个值得关注的未来，因为它在一些超高温合金中起到了关键的作用：在人类已知的化合物中，铪-钨碳化物有着最高的熔点：4125℃（7457°F）。

钽

在希腊神话中，坦塔罗斯是尼俄伯的父亲。他把自己的儿子杀死并做成了烧烤供奉诸神，因而遭到了诸神的惩罚。这种屠杀的污点也牵连到了与之同名的化学元素：钽是一种金属，它的成本不能用钱来衡量，而是用鲜血来计算的。钽的主要矿物形式是铌铁矿。这些矿物在刚果民主共和国、卢旺达和委内瑞拉被找到的最多，同时也被视为"动荡的矿石"，往往会和走私、军事冲突、混乱、童工等问题扯上关系。

钽的价值存在于现代技术之中：每一部手机中大约含有40mg的钽，主要是被用在它的"针头"电容器里。每一个电容器都像是微小的三明治，能够导电的钽由一层薄薄的、绝缘的钽氧化物隔开。和铝、钛和锆一样，钽的氧化层有极强的耐腐蚀性。它是为数不多的几种可以植入人体之内的金属，例如钢钉和人工关节。

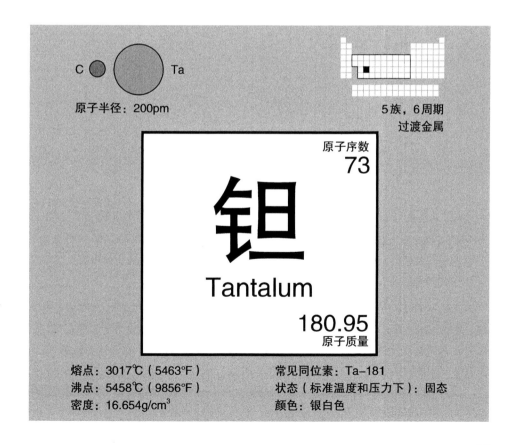

C ◯ ● Ta
原子半径：200pm

5族，6周期
过渡金属

原子序数
73

钽

Tantalum

180.95
原子质量

熔点：3017℃（5463°F）
沸点：5458℃（9856°F）
密度：16.654g/cm³

常见同位素：Ta-181
状态（标准温度和压力下）：固态
颜色：银白色

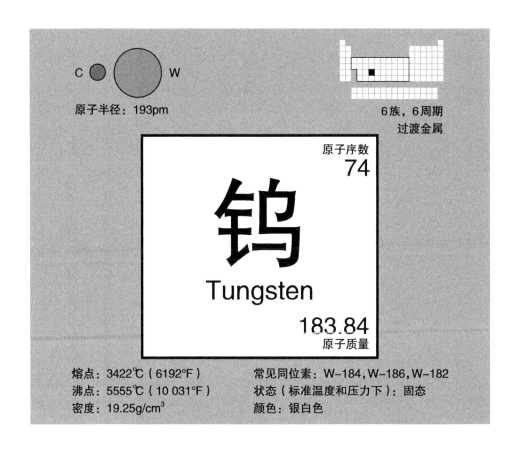

原子半径：193pm

6族，6周期
过渡金属

原子序数
74

钨

Tungsten

183.84
原子质量

熔点：3422℃（6192°F）
沸点：5555℃（10 031°F）
密度：19.25g/cm³

常见同位素：W-184, W-186, W-182
状态（标准温度和压力下）：固态
颜色：银白色

钨

钨 的元素符号有些不寻常，它来自于一个古老的德语单词"wolfram"，意思是"狼奶"。在波西米亚和萨克森进行开采钨矿时，按照传统的方法提取钨就需要消耗大量的金属锡，这个名字因此而来。而"钨"这个名字则来自于瑞典语，意思是"沉重的石头"。

正如它所处的位置那样，第74号元素非常强硬：它的位置处于元素周期表的底部，和重元素待在一起，这种密度超大的过渡金属对于酸或碱的攻击几乎不会在意，它也有强大的抗氧化能力。钨的密度比铅要大70%，因而也被用于制造穿甲弹的弹芯。它在金属中的熔点最高，加热后的膨胀率也很低，所以，它是制造白炽灯灯泡里的钨丝、氙弧灯的电极的理想材料。纯的钨很脆，但把它和碳混合制成碳化钨或制成钴钨合金钢，就可以制造各种耐磨的工具。

铼

铼是人类发现的最后一个稳定的元素。1925年，德国化学家沃尔特·诺德克、艾德·塔克和奥特·博格发现了铼，从而填补了元素周期表中的最后一个空格。他们将其命名为"铼"，这来自于德国莱茵河的拉丁文拼法。铼主要是在加工钼矿石的过程中获得的，它的密度比金要高，也是地壳中最稀有的元素之一。在所有的元素中，它的熔点名列第三，位置仅在钨和碳之后，同时也是沸点最高的元素。未来，作为工业催化剂，它可能会有更广泛的应用。

把铼添加到钨中就可以让这种坚硬的金属的加工性能更好。它是高温镍合金中的关键成分，这种材料被用在那些必须在极端高温下保持刚度的场合，例如喷气式发动机的涡轮叶片。令人难以相信的是，这种叶片是由一个单晶生长而成的（现代晶体的培养工艺，能够制造出尺寸非常大的晶体——译者注），内部是空心的，以减轻它们的重量。

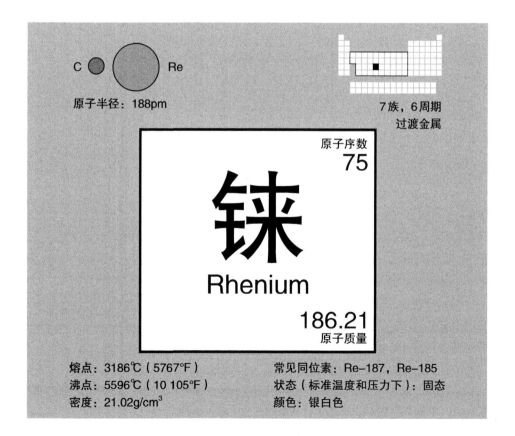

C ○ ○ Re
原子半径：188pm

7族，6周期
过渡金属

原子序数
75

铼

Rhenium

186.21
原子质量

熔点：3186℃（5767°F）
沸点：5596℃（10 105°F）
密度：21.02g/cm³

常见同位素：Re-187，Re-185
状态（标准温度和压力下）：固态
颜色：银白色

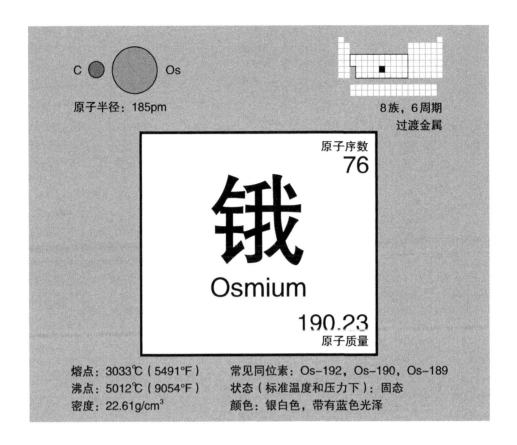

原子半径：185pm

8族，6周期
过渡金属

原子序数
76

锇

Osmium

190.23
原子质量

熔点：3033℃（5491°F）
沸点：5012℃（9054°F）
密度：22.61g/cm³

常见同位素：Os-192，Os-190，Os-189
状态（标准温度和压力下）：固态
颜色：银白色，带有蓝色光泽

锇

锇主要因为"密度最大"而被人所知，从理论值上看，这个头衔应当属于它的邻居铱，但在实际测量值上，还是锇的密度更大一点。这种铂族元素银光闪亮，但带有鲜明的蓝色，它的重量是同体积的铅块重量的2倍。锇是在一种合金中被发现的，这种合金由锇和铱天然形成，被称为"锇铱矿"。

锇非常坚硬，又非常脆，很难被压缩，所以它几乎不可能被捶打、弯曲或成型，也就是说，完全无法加工。所以它的主要用途被局限于奢侈品钢笔市场上。尽管任何坚硬的金属都可以胜任这项工作，但用锇制成的笔尖可能是名声最大的，这并不是因为它有什么独特的性质。而锇也因为它的氧化物而出名，这种氧化物毒性极大。四氧化锇被称为"锇烟"（这个名字来源于希腊语里的"气味"一词），它对眼睛有强烈的刺激性，能够撕裂肺泡，并能够轻易地透过皮肤进入人体。

铱

铱是一种银亮的铂族金属，带有淡黄色的光泽。它是地壳中最稀有的元素之一，甚至连金的储量都比它大40倍。铱和它的姊妹元素锇一起是从一种天然形成的合金"锇铱矿"中分离出来的。认真说来，它排在锇之后，是密度第2大的元素，虽然只不过差了那么一点点而已。一块网球大小的金属铱的质量就达到了3kg。和锇一样，它非常坚硬，几乎不可能用机器来加工。

在6600万年形成的泥土之中，有一层薄薄的、富含铱的土层被认为是解释恐龙灭绝的关键线索。在意大利的古比奥（Gubbio，ITA）的一个路堑中出现了"铱异常"的情况，这儿的铱含量是普通岩石中的30多倍。1980年，美国科学家沃尔特和路易斯·鲁迪推测这个铱含量的峰值来源于一颗直径10kg左右的小行星撞击地球，然后它就气化了，将其中的重金属元素撒播到全球。这一灭绝级别的事件为哺乳动物的崛起以及人类这个物种的最终出现开辟了道路。

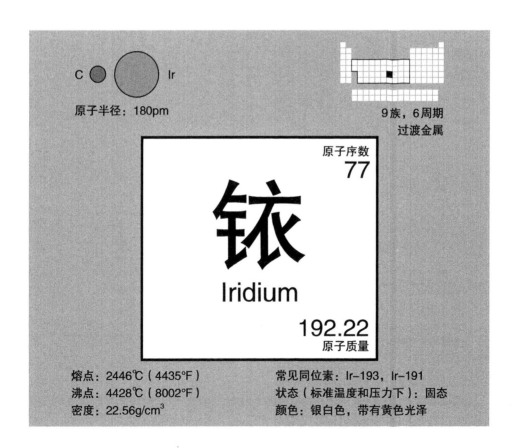

C ● ● Ir

原子半径：180pm

9族，6周期
过渡金属

原子序数
77

铱

Iridium

192.22
原子质量

熔点：2446℃（4435°F）　　　常见同位素：Ir-193，Ir-191
沸点：4428℃（8002°F）　　　状态（标准温度和压力下）：固态
密度：22.56g/cm^3　　　颜色：银白色，带有黄色光泽

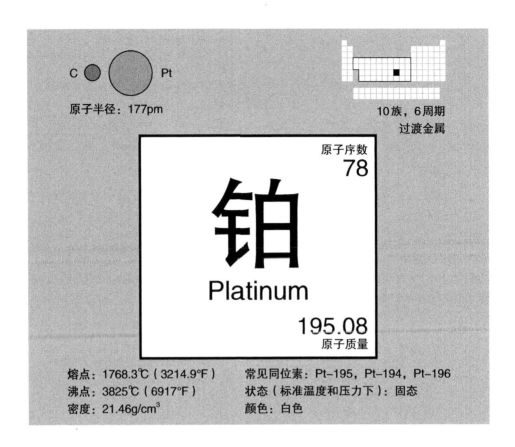

原子半径：177pm

10族，6周期
过渡金属

原子序数
78

铂

Platinum

195.08
原子质量

熔点：1768.3℃（3214.9°F）　　常见同位素：Pt-195，Pt-194，Pt-196
沸点：3825℃（6917°F）　　　　状态（标准温度和压力下）：固态
密度：21.46g/cm³　　　　　　　颜色：白色

铂

铂金比黄金更稀有、更昂贵，是富裕和显赫的标志。2000多年前，南美的土著就发现了它，而它大致是在15世纪中期才被欧洲人注意到。西班牙殖民者将其称为"小银"，这主要是因为它银白色的外观，但他们把它视为一种难缠的杂质，因为它的熔点很高，所以很难从银里分离出来。1735年，安东尼·乌略亚（Antonio de Ulloa，1716—1795）才将铂分离、提纯出来。

这种美丽的银白色金属非常致密，能抵挡腐蚀，加热时也能保持它的硬度——这些性能使得它成为一种非常理想的首饰用贵金属，在工业上也是非常有价值的催化剂。它能和钯、铑一起组成三元催化剂，从而降低汽车的尾气排放。这些装置可以将一氧化碳转化为二氧化碳，将氮氧化物转化为氮气和氧气，并将没有充分燃烧的烃类物质转化为二氧化碳和水。

金

既不是最稀有的，也不是最昂贵的元素，但它的价格比其他贵金属元素都要稳定得多。这体现了金在文明中的角色，被当作一种稳定、低风险的财富储藏手段。数千年来，黄金都被作为一般等价物，即便是在官方发行的货币崩溃时，它依然能保持其价值——实际上，此时的黄金反而特别能够保值。从化学性质上说，黄金也是一艘稳定的航船：它是难以想象的迟钝，不会被空气、水或时间所侵蚀，永远保持其闪亮的光泽。

黄金的光泽和它的稀缺性都使得黄金很珍贵。人类历史上，大致开采了165 446吨黄金，勉强能够做成一个各边长都为20m（66英尺）的立方体来。与周期表上的邻居们不同，黄金非常柔软，容易加工——指甲大小的一片黄金就可以被捶打成为$1m^2$（10.75平方英尺）的金箔。这张金箔非常薄，所以它是透明的。1g（0.03盎司）黄金可以被拉成24km（15英里）长的金丝。银和铜在导电和导热性质上都胜过黄金，但黄金不会失去光泽，也不会因为氧化而削弱它的性质，所以它被广泛用于电子电路之中，也被用来制造航天器的隔热罩。

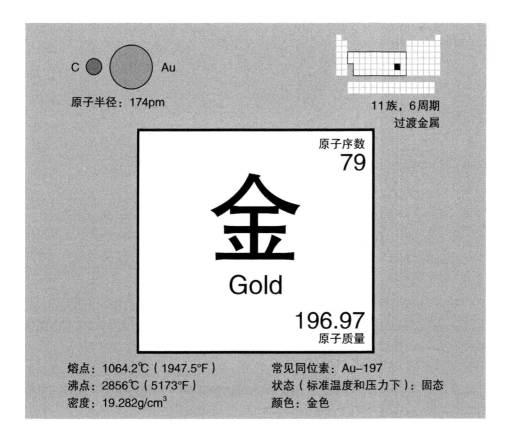

C ●   ● Au

原子半径：174pm

11族，6周期
过渡金属

原子序数
79

金
Gold

196.97
原子质量

熔点：1064.2℃（1947.5℉）
沸点：2856℃（5173℉）
密度：19.282g/cm³

常见同位素：Au-197
状态（标准温度和压力下）：固态
颜色：金色

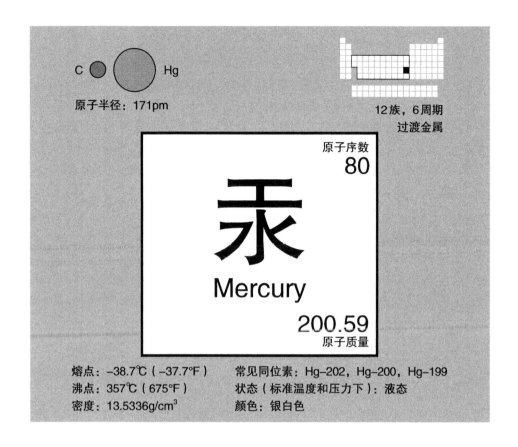

原子半径：171pm

12族，6周期
过渡金属

原子序数
80

汞

Mercury

200.59
原子质量

熔点：–38.7℃（–37.7°F）　　常见同位素：Hg-202，Hg-200，Hg-199
沸点：357℃（675°F）　　状态（标准温度和压力下）：液态
密度：13.5336g/cm³　　颜色：银白色

汞

汞是一种古老的元素，但如今却渐渐淡出了我们的视野。在传统文化中，它被称为水银。它是周期表上仅有的两个液态元素之一（另一个是溴——译者注），也是唯一的一个在标准状态下呈液态的金属。它很容易就能从它主要的矿物质形式——朱砂中分离出来。它曾经被广为使用在温度计里，作为抗抑郁药物和泻药，也被用作防腐剂，在油漆、电池甚至牙科医学中当作填料，但是，水银严重的毒性加上它在食物链中累积的特性，导致了它一直被严格监管。

凭借着自己独特的性质，水银曾经让古代的炼金术士们心醉神迷。他们发现，水银是一种很好用的试剂，可以把其他大多数金属都纳入到"汞齐"之中。汞的表面张力很高，所以它很滑，但并不显得"湿润"。它和大多数表面都没有相互作用，会变成致密的小球，但它并不会扩散，也不会在你触摸它时感到湿滑。水银的反光性很强，所以它被用来制造液体镜子，而在荧光灯以及类似的一些汽车大灯制造时，会将汞蒸气封闭在一个小的管子之中。

铊

13 族中最重的、最稳定的成员是另一个以其光谱的主要颜色来命名的化学元素。它是由法国化学家克劳德-奥古斯特·拉米（1820—1878）和英国物理学家威廉姆·克鲁克斯（1832—1919）在1861年各自独立发现的，且都使用了一种新开发出来的光谱技术。这次，关于这个新元素的发现的优先权问题再次出现了英-法之争，最终，克鲁克斯所取的名字（铊，来自于希腊语的"Thallos"一词，意思是"绿芽"）获得了胜利。

虽然铊并不稀有，但它只是作为铅、锌和铜矿石加工的副产品，通过回收而得到的。这种后过渡金属因被称为"投毒者的毒药"而闻名，这要归功于侦探小说作家阿加莎·克里斯蒂在小说《白马酒馆》（The Pale Horse）中的刻画。水溶性的铊盐带有剧毒，最关键的是，它溶在水里之后，既没有味道，也不会有气味——如果你打算用它来投毒害人的话，这就非常理想了。人体会把铊元素错误地当作钾元素而摄入，从而造成许多缓慢而痛苦的影响，包括神经系统的损伤，但这种症状的发作具有延迟性，让追查病因的过程变得非常困难。

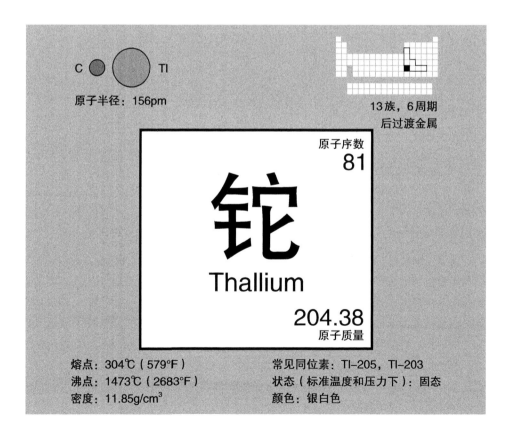

C ● TI
原子半径：156pm

13族，6周期
后过渡金属

原子序数
81

铊
Thallium

204.38
原子质量

熔点：304℃（579°F）
沸点：1473℃（2683°F）
密度：11.85g/cm³

常见同位素：TI-205，TI-203
状态（标准温度和压力下）：固态
颜色：银白色

原子半径：154pm

14族，6周期
后过渡金属

原子序数
82

铅
Lead

207.2
原子质量

熔点：327.5℃（621.4°F）　　常见同位素：Pb-208，Pb-206，Pb-207
沸点：1749℃（3180°F）　　状态（标准温度和压力下）：固态
密度：11.342g/cm³　　颜色：鼠灰色

铅

尽管铅这种元素曾经成就了罗马帝国的辉煌，但同样可能也是它让罗马帝国走向了衰亡。一种理论认为，罗马人往酒中加入的"甜味剂"中含有铅元素，这些铅毒害了罗马的皇帝们，驱使他们做出更加疯狂的举动。铅的化学元素符号来自于拉丁语"Plumbum"，意思是"导致"，也将一直和"导致"这个含义联系在一起。

铅是一种蓝白色的金属，它做成的刀刃会迅速变钝。它的熔点很低，容易加工，所以很容易铸造成型。作为一种被广泛使用的建筑材料，其柔软的特性让它成为一种很有效的密封胶：当铅的价格达到峰值时，常常会伴有难以防范的盗窃铅下水管的案件，以及随之而来的屋顶积水。铅的份量很重，这对于子弹的弹道学是很有意义的，它足够致密，可以阻挡伽马射线和X射线。作为一种重元素，铅的储量也比预期的丰富，这要归功于铀元素和钍元素的放射性衰变——两者最终都会变成铅元素。不过，铅也是一种臭名昭著的神经性毒素，和儿童的学习能力障碍有关：它在环境中无处不在，让它成为一种威胁。

铋

早期，矿工们给铋元素取名"银的顶盖"，这反映了他们的观念：这种天然的矿物是正在形成过程中的银。德国人首先发现铋这种元素，它是一种很致密的元素，常常被冠以"最重的稳定元素"的头衔。不过，2003 年，科学家们发现，它的唯一稳定的同位素 Bi-209 实际上也还是有轻微的放射性的。一个元素的半衰期是否超过了宇宙本身的年龄，就是确定某个元素是否属于"不稳定的同位素"的技术性指标，这个问题并无实际意义。以此而言，Pb-208 才是最重的真正稳定的同位素。

铋很脆，外表是银白色的，但却有一种彩虹般的光泽，这是由于它的氧化物具有的彩虹般的色泽。它常常生长为"漏斗式晶体"，也就是说，当晶体在其外层边缘快速地生长时，会出现一种类似于螺旋形楼梯的结构。令人惊讶的是，这样一个重金属（这也是它和铅和锑的相似之处）的毒性却并不是很大：它被用作"粉红色铋"（即水杨酸亚铋——译者注），治疗胃部不适，还可以代替有毒的铅，来制造焊接材料、子弹和"龙蛋"烟花。

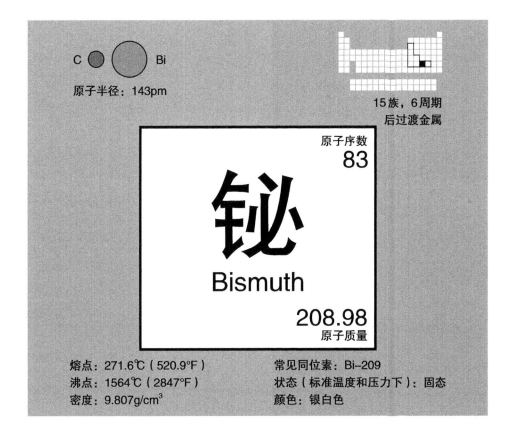

C ◯ ⬤ Bi

原子半径：143pm

15 族，6 周期
后过渡金属

原子序数
83

铋

Bismuth

208.98
原子质量

熔点：271.6℃（520.9°F）
沸点：1564℃（2847°F）
密度：9.807g/cm³

常见同位素：Bi–209
状态（标准温度和压力下）：固态
颜色：银白色

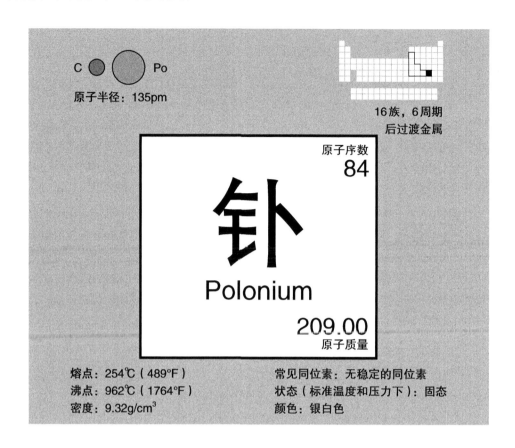

原子半径：135pm

16族，6周期
后过渡金属

原子序数
84

钋

Polonium

209.00
原子质量

熔点：254℃（489℉）
沸点：962℃（1764℉）
密度：9.32g/cm³

常见同位素：无稳定的同位素
状态（标准温度和压力下）：固态
颜色：银白色

钋

2006年，前克格勃特工亚历山大·利特维年科在伦敦被人投毒致死。而在此之前，钋元素都是居里夫人的象征。1898年，她和丈夫皮埃尔·居里从铀矿石中分离出了钋元素，并以她的祖国波兰来给它命名。他们的女儿伊雷娜·约里奥-居里在工作中接触了钋元素，后来罹患白血病，她很可能就是第一个受到钋的放射性损伤的受害者。

和其他的第16族元素不同，钋是一种金属元素。它所有的同位素都具有放射性，因此，它是非常珍稀的：你需要加工1吨沥青铀矿，才可能得到1mg的钋元素。所以，钋通常都是人工制造的，用中子轰击Bi-209而获得Bi-210，而Bi-210很快就会通过β衰变而变为Po-210。每年，全世界的钋的总产量不过100g（3.5盎司）左右，其中的绝大部分都来自于俄国的核反应堆，因此，当在利特维年科的身体中发现了钋这种极其稀少的元素存在后，外界普遍认为这是抓了个现行。钋是一种强烈的α射线发射源，可以作为放射性同位素温差发电机中的原子能热源，在工业上还被用于制造抗静电的刷子——当然，也可以被用作一种高效的毒药。

砹

理论上说，94号之前的元素都是天然存在的。然而，有一些元素，例如砹和钫，因为太不稳定了，所以在宇宙中几乎并不存在。砹元素的所有初始群落早在很久以前就都消失殆尽了，而新产生的砹原子（由其他元素衰变而来）也几乎都迅速再次分解。在砹元素的39种同位素中，半衰期最长的一种是As-210，约为8.1h，而砹的其他许多的同位素，半衰期只能用纳秒来衡量。所以，这种元素的名字来自于希腊语"Astatos"，意思就是"不稳定"，还真是恰如其分啊。

砹是被正式认定的最稀有元素。在任何时期，整个地壳中大约只含有30g（1盎司）砹元素。因此，砹元素完全没有应用途径，尽管它可能在放射性治疗上有一定的潜力。它也被认为是最重的元素（因为目前人类还不清楚新元素础的性质），但它的性状实际上仅仅是理论上的。如果可以搜集到足够的砹，则它会是固态的，但由于其辐射而放出的巨大热量，它会迅速把自己蒸发掉。

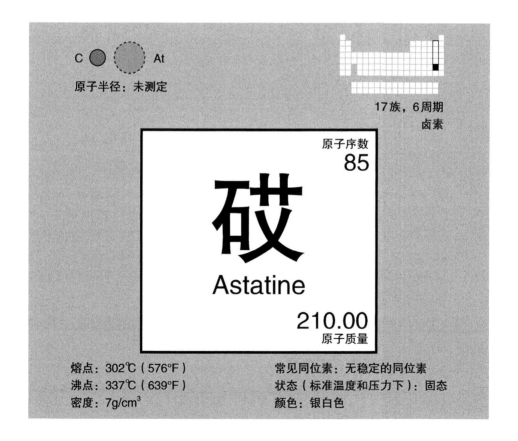

C ◯ ⟨ ⟩ At
原子半径：未测定

17族，6周期
卤素

原子序数
85

砹

Astatine

210.00
原子质量

熔点：302℃（576°F）
沸点：337℃（639°F）
密度：7g/cm³

常见同位素：无稳定的同位素
状态（标准温度和压力下）：固态
颜色：银白色

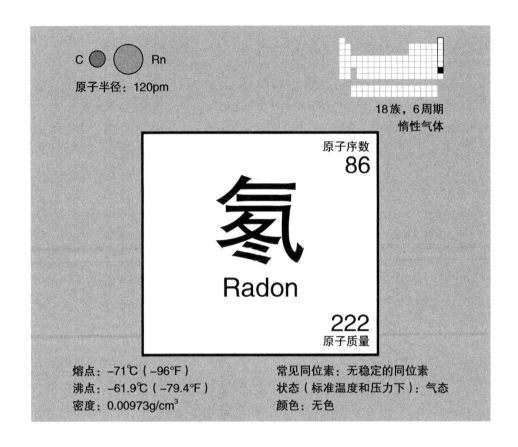

C ○ ● Rn
原子半径：120pm

18族，6周期
惰性气体

原子序数
86

氡

Radon

222
原子质量

熔点：−71℃（−96℉）
沸点：−61.9℃（−79.4℉）
密度：0.00973g/cm³

常见同位素：无稳定的同位素
状态（标准温度和压力下）：气态
颜色：无色

氡

第 86号元素是一种地下室里的隐形杀手。它是一种气体，无色无味，由铀元素的放射性衰变而产生，很难被探测到，同时又具有放射性。它会在通风不良的底楼、地下室里聚集，也会出现在含有铀基岩的地区，例如花岗岩、页岩的矿山等。你绝对不想在含有氡气的空气里呼吸，因为它释放出来的阿尔法粒子会被你的皮肤拦截，也会对你的肺部造成严重的损伤。更麻烦的是，它衰变的产物也可以叫作"氡子"，是一杯由钋、铅和铋的放射性同位素调制成的鸡尾酒。它们产生的损害，让吸入氡气成为继吸入香烟之后的第二个诱发肺癌的常见因素。

氡是最重的惰性气体。它是从镭、锕和钍的放射性"射气"中被发现的。尽管威廉姆·拉姆齐在1910年首次分离出了它（他还提出了"氡"这个名字），但氡的发现权通常都被归于德国物理学家佛里德里希·伊斯特·多恩（Friedrich Ernst Dorn，1848—1916），他在1900年就用钍元素重复了欧内斯特·卢瑟福的早期实验。（见第172页）

钫

作为元素周期表上两个以"法兰西"命名的单词之一（另一个是镓元素），钫是一种格外稀少、带有放射性的碱金属。它是由居里夫人的学生玛格丽特·佩里（1909—1975）在1939年发现的，位于周期表上第一族元素的底部。

在这个世界上，并没有足以被称量的钫元素样品存在过：它最稳定的同位素，半衰期也只有22min。尽管如此，人们还是可以对这种金属的某些性质进行预测。既然第1族的元素的熔点依次下降，那钫的熔点应该比铯元素更低。既然它的放射性产物伴随着大量的能量，所以它摸起来应该是温暖的，在室温下甚至可能是液态的。钫可能也是一种有颜色的金属，就像铯元素一样。尽管在第1族的元素中，反应活性有增大的趋势，但化学家们认为，钫要失去最外层电子可能会有一点困难，所以它的反应活性可能比铯元素要低。

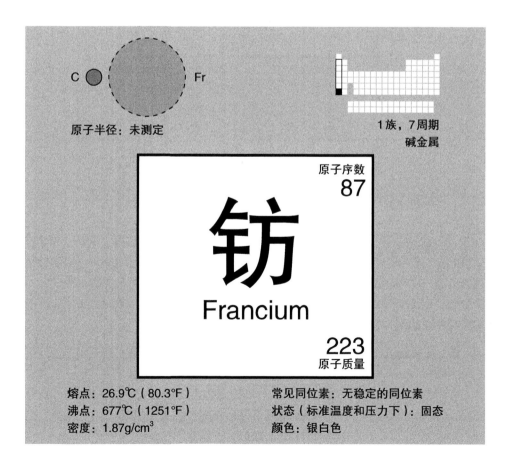

C ◯   Fr

原子半径：未测定

1族，7周期
碱金属

原子序数
87

钫
Francium

223
原子质量

熔点：26.9℃（80.3°F）
沸点：677℃（1251°F）
密度：1.87g/cm³

常见同位素：无稳定的同位素
状态（标准温度和压力下）：固态
颜色：银白色

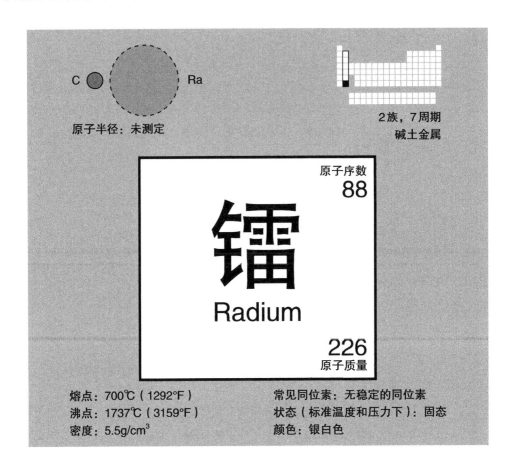

原子半径：未测定

2族，7周期
碱土金属

原子序数
88

镭

Radium

226
原子质量

熔点：700℃（1292°F）
沸点：1737℃（3159°F）
密度：5.5g/cm³

常见同位素：无稳定的同位素
状态（标准温度和压力下）：固态
颜色：银白色

镭

几种放射性元素让皮埃尔·居里（1859—1906）和玛丽·居里（1867—1934）夫妇得以永垂不朽，却也导致了他们英年早逝。其中，镭元素是最著名的也是最危险的。这对夫妻搭档在铀矿石沥青中发现了第88号元素，并将其命名为"镭"，这个名字是因为它强烈的放射性。Ra-226的半衰期为1600年，在每吨铀矿石中，天然的镭含量大约只有几毫克。

镭是原型放射性物质，会释放出数量惊人的 α、β 和 γ 辐射，这些辐射足以让一块镭散发出绿色的光芒，摸起来也是很暖和的。早先，它被用来治疗疾病：桑拿宣传它有疗养的能量，一些药物甚至是牙膏中也会添加镭元素。它还被用于放疗来治疗癌症。镭的化合物还被用在自发光涂料中，来辐射那些自己发出荧光的化学物质。然而，后来人们发现，这些材料全部都具有很强的致癌性。

锕

第89号元素为元素周期表画下了一条底线，就像老式打字机那样，这就是锕系元素；这类半衰期短暂的元素，标志着核化学的正式开始。不过，正如镧系元素包含钪和钇这样的稀土金属元素，锕系包括了镭和氡也是合理的。这些元素都没有一个稳定的同位素，只有前4个是在地球上天然存在的。

化学家安德烈-路易·德贝尔恩（André-Louis Debierne，1874—1949）是居里夫妇的好朋友，正是他在1899年发现了锕元素。他从混杂矿物质的沥青残渣之中将其分离出来，其中也包括了铀、钍、氡、钛和镁。锕的放射性非常明显，因为它会发出蓝色的光来。它天然存在于自然界之中，但人类更多的是在核反应堆中，通过用中子来轰击Ra-226的方法来获取锕元素。Ac-227在研究中被用作中子源，而Ac-225则可以在肿瘤治疗中发挥作用，选择性、靶向性的攻击肿瘤细胞被誉为"百步穿杨"。

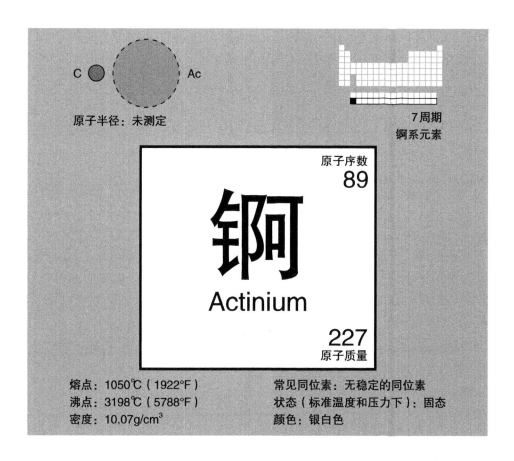

原子半径：未测定

7周期
锕系元素

原子序数
89

锕
Actinium

227
原子质量

熔点：1050℃（1922°F）　　常见同位素：无稳定的同位素
沸点：3198℃（5788°F）　　状态（标准温度和压力下）：固态
密度：10.07g/cm³　　颜色：银白色

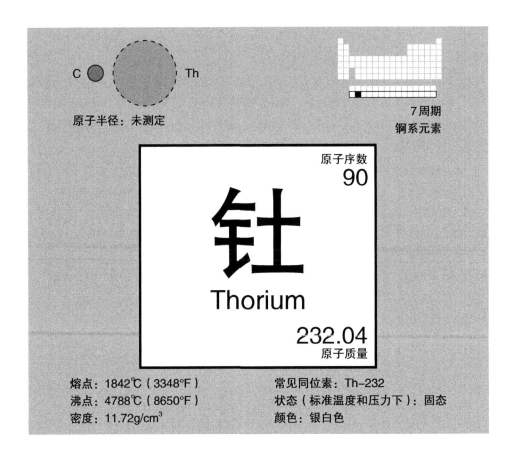

原子半径：未测定

7 周期
锕系元素

原子序数
90

钍

Thorium

232.04
原子质量

熔点：1842℃（3348℉）
沸点：4788℃（8650℉）
密度：11.72g/cm³

常见同位素：Th-232
状态（标准温度和压力下）：固态
颜色：银白色

钍

1994 年 6 月 16 日，一队 FBI 探员突袭了底特律郊区的一所民宅。这次行动的目标，是一个名叫戴维·哈恩（David Hahn）的 17 岁男孩，他在自家后院里搭建了一座增殖反应堆，并试图制造出放射性的锕系元素——而他所做的这一切只不过是为了赢得"童子军雏鹰奖章"而已。（雏鹰奖章是美国童子军运动中最高级别的奖章，大约只有 4% 的童子军能获此殊荣——译者注。）哈恩是从露营用的提灯上搜集了钍作为反应堆的燃料：氧化钍是所有的金属氧化物中熔点最高的，自 1891 年以来，一直被用作汽灯的灯罩（从灯罩放射出的 α 粒子很容易被提灯的玻璃所阻挡）。

实际上，类似于哈恩力推的这种反应堆，还是有关核能的诸多问题的答案。首先，钍在地壳中的储量大致比铀要丰富 3 倍，在独居石等矿物中大量存在。其次，钍反应堆比轻水反应堆更加安全：不需要在反应堆的周围建造一个巨大的混凝土容器来包裹住它，它产生的核废料在 10 年内也是安全的。此外，钍反应堆产生的钚元素数量有限，减少了核武器扩散的风险。

镤

第91号元素也是门捷列夫预测的元素之一。1871年，这位俄罗斯化学家在元素周期表上预留了一个"空位"，并预言会有一个元素的原子重量介于钍和铀之间，能够填补这个空洞。最终，1918年，丽莎·迈特纳（Lise Meitner，1878—1968）和奥多·汉娜找到了它，然而，这个新发现的元素的原子重量却比钍元素要轻。这个发现本来可能引发一阵惊愕，但在此之前，亨利·莫斯利测定了原子数，而原子数才是元素周期表真正的组织原则（而不是原子重量，见第36页），所以这种罕见的"逆转对"只是一个有趣元素的怪癖现象。

这种元素最初被称为"原始锕"，因为它通过衰变释放出了一个 α 粒子（由两个中子和两个质子组成），就会产生锕元素。它自己则是铀元素衰变的产物，而铀元素天然存在于自然界之中。不过，镤元素最大的矿床是一个125g的人工制造的产物——1961年，英国原子能委员会使用60吨放射性废料制造了它。

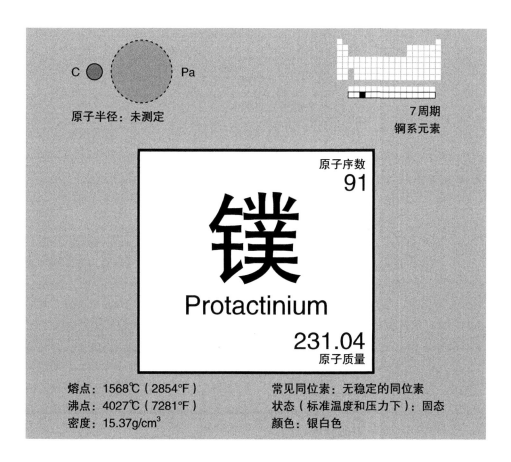

C 〇 ⌀ Pa

原子半径：未测定

7周期
锕系元素

原子序数
91

镤
Protactinium

231.04
原子质量

熔点：1568℃（2854℉）
沸点：4027℃（7281℉）
密度：15.37g/cm³

常见同位素：无稳定的同位素
状态（标准温度和压力下）：固态
颜色：银白色

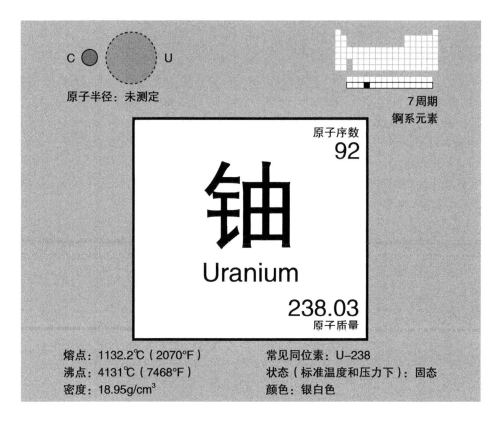

原子半径：未测定

7周期
锕系元素

原子序数
92

铀

Uranium

238.03
原子质量

熔点：1132.2℃（2070°F）　　常见同位素：U-238
沸点：4131℃（7468°F）　　状态（标准温度和压力下）：固态
密度：18.95g/cm³　　颜色：银白色

铀

铀是引领核能时代的元素。1798 年，德国化学家马丁·科拉普洛特发现了铀元素，而当时正好发现了天王星，所以就将其命名为"Uranium"（与天王星"Uranus"一词相似——译者注）。在 1938 年之前，它不过是一种神奇的添加剂，可以用来制造闪亮的玻璃器皿，而在 1938 年，奥多·汉娜和弗丽茨·斯特拉斯曼（Fritz Strassmann，1902—1980）劈开了铀的原子核。匈牙利物理学家里奥·希拉德（Leó Szilárd，1898—1964）发现了链式反应是如何促使自我维持的核裂变反应发生（也即，这个核裂变反应可以自我维持、持续发生，而无需外界再给予能量或中子——译者注），从而获得巨大的能量，或者说是毁灭性的破坏力。1942 年，世界上第一台核反应堆，实际上是一堆可以裂变的铀，在芝加哥大学的操场上启动。让 1kg 的 U-235 完全裂变，产生了相当于 1500 吨煤燃烧所得到的能量。不过，天然的铀矿里仅仅含有 0.7204% 的 U-235，所以在使用之前，必须把 U-235 "富集"到 3%~5% 的浓度水平。而所谓的"贫铀"，也就是 U-238 里，几乎所有的 U-235 都被除去了，所以就不会含有任何的核裂变材料。不过，贫铀的反应活性很高，易燃且有毒。它的密度很大，所以被用来制造战车的装甲，也被用作尾翼稳定脱壳穿甲弹的弹芯。

镎

1940年，美国物理学家埃德温·麦克米伦（Edwin McMillan，1907—1991）和菲利普·埃博森（Philip Abelson，1913—2004），在加州大学伯克利分校创造出了第一个比铀还要重的元素。运用恩里克·费米（Enrico Fermi，1901—1954）发明的先进技术，他们用"慢中子"（能量较低的中子）去轰击一个由U-238氧化物制成的薄片，经过多次撞击之后，一些中子就会黏在上面，形成一个U-239的原子核，然后这个核就会进行β衰变，产生一个额外的质子和一个更重的原子核。很自然地，这个新的元素，就是用天王星的下一个行星来命名的（即海王星——译者注）。

这一里程碑式的发现打开了元素周期表上游的大门。除了一个U-235衰变链中的不重要的副产品，没有一个"超铀元素"是天然存在的。麦克米兰和埃博森制造的Np-239，其半衰期只有两天半，但Np-237的半衰期却长达200万年。它通常可以从核废料中提取回收，但因为它可以发生核裂变，临界质量又只有60kg（132磅），所以它的使用受到了严格的监控。

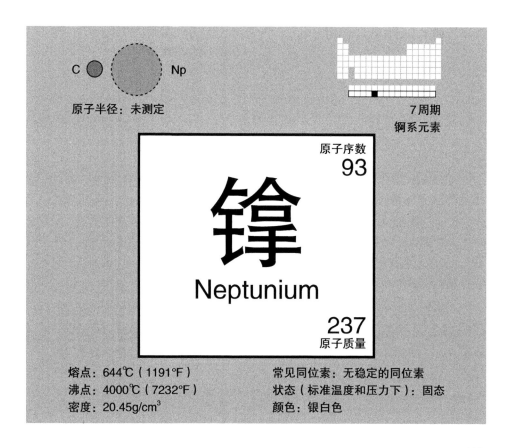

原子半径：未测定

7周期
锕系元素

原子序数
93

镎
Neptunium

237
原子质量

熔点：644℃（1191℉）
沸点：4000℃（7232℉）
密度：20.45g/cm³

常见同位素：无稳定的同位素
状态（标准温度和压力下）：固态
颜色：银白色

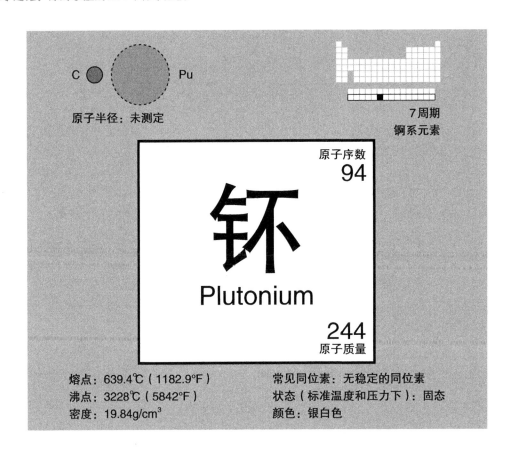

原子半径：未测定

7周期
锕系元素

原子序数
94

钚

Plutonium

244
原子质量

熔点：639.4℃（1182.9℉）
沸点：3228℃（5842℉）
密度：19.84g/cm³

常见同位素：无稳定的同位素
状态（标准温度和压力下）：固态
颜色：银白色

钚

有趣的是，当美国国家航空航天局的"新视野号"探测器于2015年飞掠过矮行星冥王星时，它上面就搭载了少量的钚元素，而钚元素是以太阳系外部行星的名字命名的3个元素中的最后一个（"钚"这个词，就来自于"冥王星"一词的变形——译者注）。新视野号并非传统意义上的核动力探测器，但它搭载设备所需的电能来自于放射性同位素温差发电机（RTG），它利用一片Pu-238放出的热量，在冰冷的外太阳系深处产生电能。

钚最早是在1940年被首次合成的。因为它是美国的秘密战略计划"曼哈顿工程"的一部分，这一发明直到1948年才被公开。在此之前，它的诞生却已经通过一个可怕的方式得到了宣告，那就是1945年8月9日在日本的长崎引爆的钚核弹"胖子"。金属钚是很容易自燃的：它的α衰变所产生的热量会让这一大块金属产生橙红色的辉光，并从其内部开始缓慢地崩解。武器级的钚是在增殖反应堆中被制造的，受到最严格的监管。

镅

就和它之前的钚元素一样，镅元素是由格伦·西博格（Glenn T. Seaborg）领导的一群科学家在加州大学伯克利分校之中产生的，而这也是绝密的曼哈顿工程的一部分。显然，有一部分Pu-239原子捕获了两个中子，变成了Pu-241原子，Pu-241再释放出一个β粒子，衰变成Am-241原子。镅在1944年就被分离出来了，但战时的保密需要阻止了西博格将此发现公开。直到1945年，在一个儿童节目的广播中，他才将此事透露了一点风声。

Am-241是镅的最稳定的同位素，它释放α粒子的能力比镭还要强，因而被用于烟雾探测器中：其中有一个用镅元素制成的小圆点会发射出带电的粒子，它们能穿过空气的间隙而形成电流；然而，一旦有烟雾渗进来阻挡了α粒子，电流就会减弱，从而触发警报。镅是唯一得到广泛应用的放射性元素。幸运的是，倘若有哪个疯狂的炸弹制造人想要通过烟雾探测器来获取核裂变所需的材料，那他就需要拆开1800亿个烟雾探测器，才能攒到足以达到临界质量的镅元素。

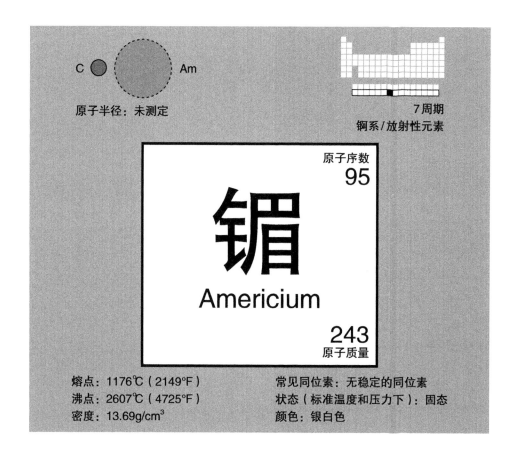

C　　　　　　　　Am

原子半径：未测定

7周期
锕系/放射性元素

原子序数
95

镅

Americium

243
原子质量

熔点：1176℃（2149°F）
沸点：2607℃（4725°F）
密度：13.69g/cm³

常见同位素：无稳定的同位素
状态（标准温度和压力下）：固态
颜色：银白色

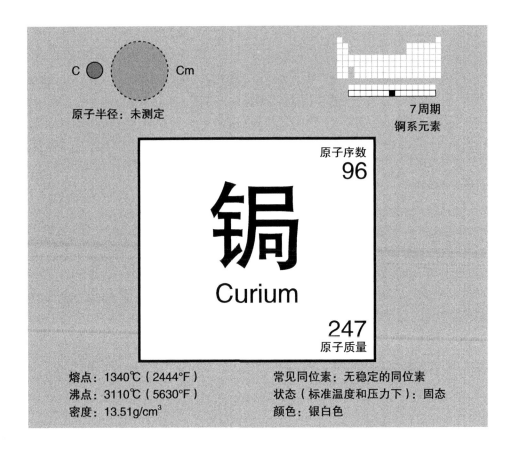

原子半径：未测定

7周期
锕系元素

原子序数
96

锔

Curium

247
原子质量

熔点：1340℃（2444°F）
沸点：3110℃（5630°F）
密度：13.51g/cm³

常见同位素：无稳定的同位素
状态（标准温度和压力下）：固态
颜色：银白色

锔

最先合成的两个超铀元素都是通过用慢中子轰击重元素而得到的。然而，在锔元素之后，这种轰击的效率急剧下降。中子不再能将其打碎。于是，1944年，格伦·西博格和他的小组选择了用更重的 α 粒子来轰击钚原子，从而获得了锔原子。

将这种新元素命名为"锔"是为了纪念皮埃尔·居里和玛丽·居里夫妇，正是他们发现了第一个放射性元素。这也是遵循相应的f区元素中钆元素命名的先例。和所有其他的放射性元素类似，锔是一种银白色、致密的金属，是合成更重的超铀元素的原料。绝大多数放射性元素都是有毒的。而因为当地球上的生命进化的那段时间里，它们全都不存在，所以它们也并不是生物体中的生物化学过程中的一部分。锔还是放射性最强的元素之一，这让它散发出紫色的光芒。在火星探测器和"菲莱"彗星登陆器之中都使用了小块的锔，作为 α 粒子发射器。

锫

到20世纪40年代末的时候，那些古代炼金术士的梦想不仅实现了，而且变成了一种产业。在加州伯克利某处的1.5m的回旋加速器里，格伦·西博格和他的团队，其中包括了阿尔伯特·吉欧索（Albert Ghiorso，1915—2010）和史丹利·汤普森（Stanley Thompson，1912—1976），按照套路来让元素发生蜕变。在1949年—1950年间，他们又凭空制造出了两种新的元素（97号和98号），都是地球上从未存在过的。而新元素的命名则延续了95号、96号元素的模式，即映射该元素对应的那种稀土的名字，例如第65号元素铽，名字就来源于"伊特比"（Ytterby，瑞典的一个小村庄，因此地产出的稀土中发现多种元素而闻名——译者注）。最终，第97号元素被以它诞生的地方来命名。

　　早先的超铀元素性质稳定，允许对它们的化学性质进行研究：锫元素最稳定的同位素Bk-247，半衰期为1380年。和其他的放射性元素一样，它也容易溶于水中，形成具有+3或+4价态的化合物。锫元素的主要用途就是作为合成其他重元素的靶子来接受轰击。

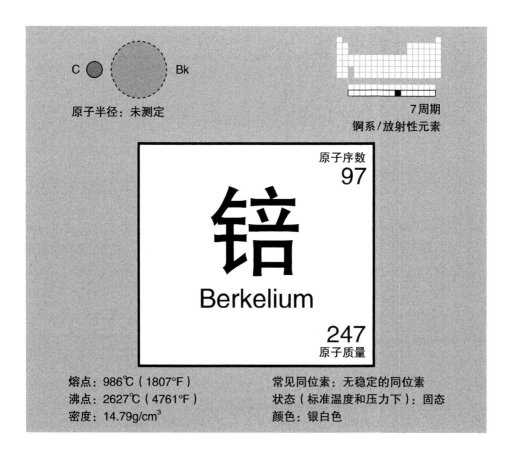

C ◯　　　Bk

原子半径：未测定

7周期

锕系/放射性元素

原子序数

97

锫

Berkelium

247

原子质量

熔点：986℃（1807°F）

沸点：2627℃（4761°F）

密度：14.79g/cm³

常见同位素：无稳定的同位素

状态（标准温度和压力下）：固态

颜色：银白色

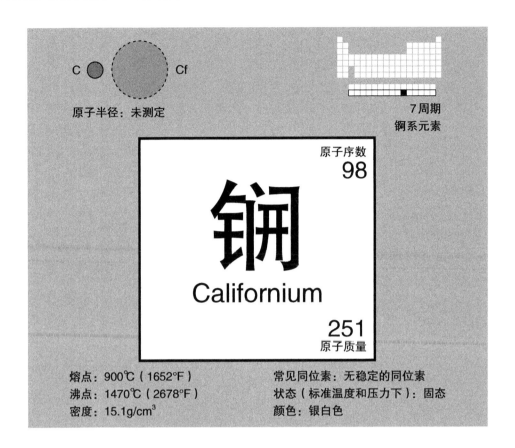

原子半径：未测定

7周期
锕系元素

原子序数
98

铜

Californium

251
原子质量

熔点：900℃（1652°F）
沸点：1470℃（2678°F）
密度：15.1g/cm³

常见同位素：无稳定的同位素
状态（标准温度和压力下）：固态
颜色：银白色

铜

2014年，《商业内幕》（*Business Insider*）杂志列出了一个世界上最贵的金属的价目表。其中，Cf-252元素是最昂贵的，每1g大概要卖到2700万美元（约合1.78亿元人民币），相比之下，黄金的价格仅仅才是40美元/克。不过，考虑到即便最稳定的铜的同位素，半衰期也只有3年不到，它应该不是一个特别有吸引力的投资渠道吧？

这个元素，是由格伦·西博格的团队于1950年在伯克利分校的"Rad"实验室里，用 α 粒子轰击锔原子而得到的。因为它具有放射性，因此一些铜的化合物具有美丽而奇幻的自发光特性。它是元素周期表中最重的元素，性质稳定，足以对其化学性质进行进行实验研究。和其他的放射性元素不同，铜有好多应用途径。这是因为Cf-252是一个中子源，1μg的铜元素，每分钟就能喷发出1.39亿个中子来。因此，它被用来启动核反应堆，它所放出的中子有穿透性，也被用在一些诊断和治疗癌症的装置之中。

锿

原子时代的曙光引入了一个全新的词汇表：曼哈顿工程的产品，让我们对于辐射、爆心、蘑菇云这一类的词汇熟悉得令人心寒。而在1952年，第一颗试验性氢弹"常春藤-迈克"爆炸也产生了两个锕系元素。这两种新元素中较轻的那一个以阿尔伯特·爱因斯坦的名字来命名——这个选择有点奇怪，因为爱因斯坦并不是一个核物理学家。尽管爱因斯坦提出了著名的质能方程：$E=mc^2$，因而可以被视为"核弹之父"，但这肯定不是一个让他满意的遗产，因为他极力反对核弹的使用。

今天，大部分的锿元素都是通过用中子轰击锎元素而得到的。它是一个典型的放射性元素，这种金属会在黑暗中发出银白色的光芒来，这是因为它内部的辐射释放出了能量。锿元素中，丰度最高的同位素是Es-253，半衰期为20.47天；而它最稳定的同位素，半衰期则有472天。

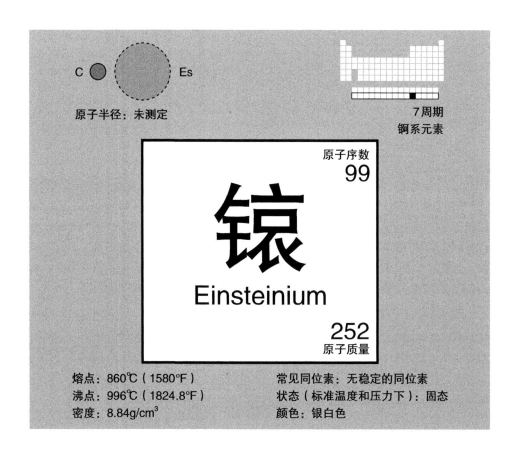

原子半径：未测定

7周期
锕系元素

原子序数
99

锿
Einsteinium

252
原子质量

熔点：860℃（1580°F）
沸点：996℃（1824.8°F）
密度：8.84g/cm³

常见同位素：无稳定的同位素
状态（标准温度和压力下）：固态
颜色：银白色

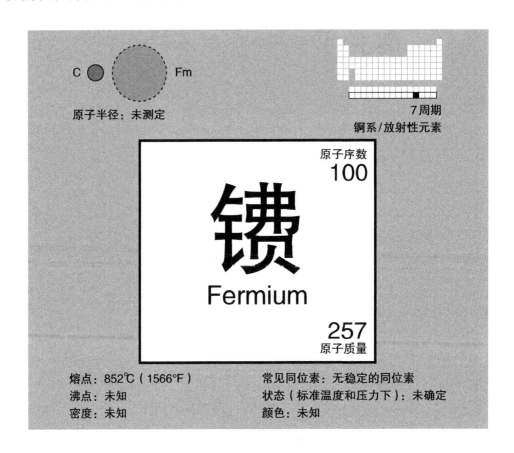

C ◯ ⬤ Fm
原子半径：未测定

7周期
锕系／放射性元素

原子序数
100

镄
Fermium

257
原子质量

熔点：852℃（1566°F）   常见同位素：无稳定的同位素
沸点：未知   状态（标准温度和压力下）：未确定
密度：未知   颜色：未知

镄

第100号元素，和锿元素一样，是从人类首次氢弹爆炸试验的灰烬中筛选出来的另一个新元素。在太平洋尼威托克环礁中，在伊鲁吉拉伯岛（Elugelab）曾经存在过的地方，研究人员从数百吨放射性灰烬和被辐照过的珊瑚礁中发现了镄元素。在这次大爆炸中，点火装置中的铀元素遭到了密集的中子的轰击，从而形成了为数不少的、更重的元素，其中，就包括了近200个原子的第100号元素。伯克利分校的研究人员们将这种新元素命名为"镄"，以纪念埃里克·费米这位核物理学的先锋。

在镄和锿被发现之后，这个秘密被保守了3年之久。不过，在1955年的一项有关发现权竞争的争议中，它们被迅速解密。从没有固态的镄样品被生产出来过，因为即便是半衰期最长的Fm-257，半衰期也仅有100天。作为一个释放 α 粒子的源头，它可能会在放射医学上有一些用途，但它实在是太难以捉摸了：Fm-257是在核反应堆中产生的，它会迅速再接受一个中子，变成极不稳定的Fm-258，而Fm-258在几毫秒之内就会消失。

钔

到了20世纪50年代，研究人员们就需要一个新的手段来推进稳定元素的边界继续扩展。比镄更重的元素被称为"超镄元素"，都非常古怪，它们的同位素半衰期都很短，每次也只能获得一把原子而已。

所有比铀更重的元素都不是天然存在的。因为它们没有稳定的同位素，半衰期又比地球的年龄短得多，所以它们的"原始股"当然早都已经衰变殆尽了。这就是为什么研究人员必须合成这些超重元素，因为它们是不可能被"发现"的。镄为那些可能在反应堆中，通过捕获中子来合成的元素划出了一条界限：第101号元素，名字来源于对季米特·门捷列夫的纪念，就这样被制造出来：伯克利分校的研究人员们在一个直径1.5m的回旋加速器中用氦离子来轰击镄元素。结果就是得到了17个Md-256的原子，半衰期仅有8′/min。虽然这些元素是被人工合成出来的，但它们依然是"自然"的，从某种意义上说，它们仍然可能在超新星爆发中产生。

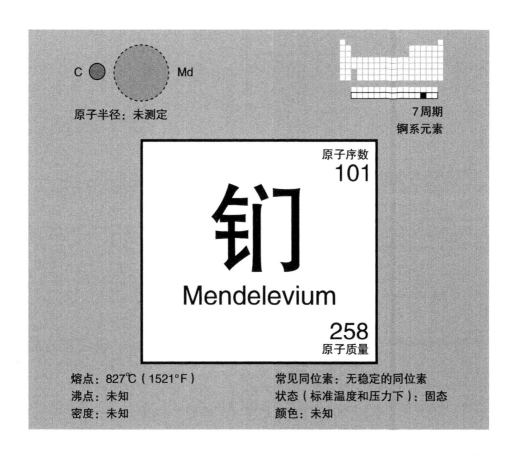

原子半径：未测定

7周期
锕系元素

原子序数
101

钔

Mendelevium

258
原子质量

熔点：827℃（1521°F）　　常见同位素：无稳定的同位素
沸点：未知　　　　　　　　状态（标准温度和压力下）：固态
密度：未知　　　　　　　　颜色：未知

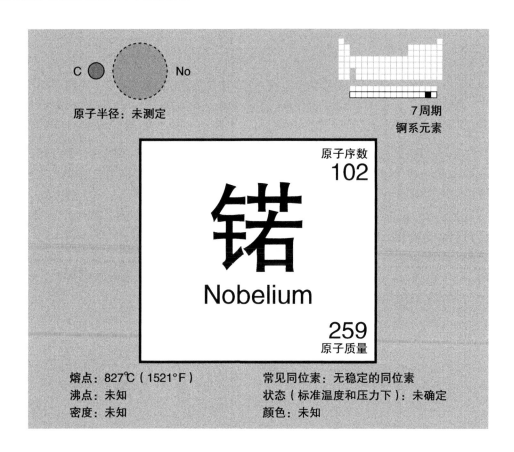

原子半径：未测定

7周期
锕系元素

原子序数
102

锘
Nobelium

259
原子质量

熔点：827℃（1521°F）
沸点：未知
密度：未知

常见同位素：无稳定的同位素
状态（标准温度和压力下）：未确定
颜色：未知

锘

第102号元素是那些如同蜉蝣一般短命的锕系元素之一。和所有的超镄元素类似，锘只有在粒子加速器之中才能产生：它最稳定的同位素No-259，半衰期只有1h；最常见的同位素No-255，半衰期仅有3min。当一个元素的寿命非常短时，你就很难拿它去做化学反应了。

锘的发现打响了"超镄元素争夺战"的第一枪：争夺的目标是对第104号~第109号元素的命名权。1957年，一个瑞典小组首先宣称发现了新元素，并建议将其命名为锘，以纪念实业家、诺贝尔奖的慷慨设立者阿尔弗雷德·诺贝尔先生。这个命名被很仓促接受了。而在伯克利分校，研究人员使用他们新型的重离子线性加速器（HILAC），用碳离子密集的轰击锔制成的靶标，但却发现无法重现瑞典小组宣称的结果。最终，反而是苏联的科学家们率先得分（他们被确认为该元素的发现者）。不过，令他们懊恼的是，这个元素最终还是保留了锘这个名字，而不是他们期待的"joliotium"（以纪念伊雷娜·约里奥－居里女士）。

铹

1959年，当知识玩家汤姆·莱勒写下他那首著名的元素周期表歌曲《元素》（*The Elements*）时，周期表里只有102种元素。但随着新元素的发现变得越来越快、越来越密集，他只好用一个结尾来掩饰自己的尴尬了："这是哈佛来的唯一新闻，可能还会有其他许多（元素），只是它们尚未被发现而已。"

果然，在1961年，第103号元素就出现了。它是由阿尔伯特·吉欧索和同事在伯克利分校的"Rad实验室"里通过他们的HILAC加速器，用硼原子核去轰击锎靶而得到的。他们将这种新元素命名为"铹"，以纪念美国核物理学家欧内斯特·劳伦斯（Ernest Lawrence，1901—1958），这位诺贝尔奖获得者发明了回旋加速器，曾是该实验室的主任，于1958年逝世。从化学上说，铹元素比锘元素更重，并填满了周期表上锕系元素中的最后一个空格，正如格伦·西博格曾经在1949年预测的那样。不过，就像锘元素一样，铹元素同样可以算作第3族的成员之一。

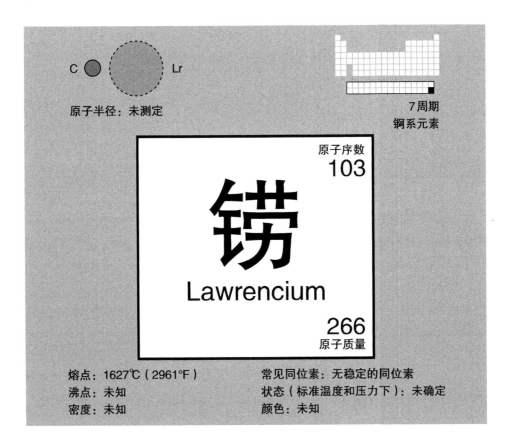

原子半径：未测定

7周期
锕系元素

原子序数
103

铹
Lawrencium

266
原子质量

熔点：1627℃（2961℉）　　常见同位素：无稳定的同位素
沸点：未知　　　　　　　　状态（标准温度和压力下）：未确定
密度：未知　　　　　　　　颜色：未知

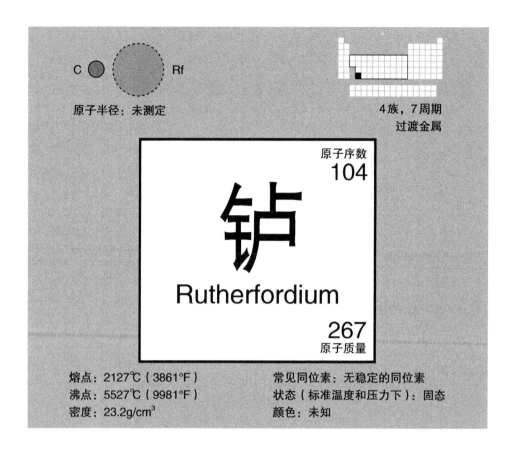

C ◯ ⬤ Rf

原子半径：未测定

4族，7周期
过渡金属

原子序数
104

铲

Rutherfordium

267
原子质量

熔点：2127℃（3861°F）
沸点：5527℃（9981°F）
密度：23.2g/cm³

常见同位素：无稳定的同位素
状态（标准温度和压力下）：固态
颜色：未知

铲

在现在的元素周期表的最末一行，是第104号~第118号元素。在过渡金属的区域内，这些超锕系元素属于d区的元素（见第109页），也是化学世界里的超重元素。它们全部都具有强烈的放射性，也都必须通过粒子加速器来人工合成。

当某种物质只生产出如此微小的数量时，很难确切地说出它的任何性质。单个的原子或者是纳米尺度的薄片，与大量的此类物质堆在一起相比，行为和性质可能截然不同。大量的原子聚集在一起，彼此发生相互作用，形成晶体结构，就会影响诸如电离能量、熔点、溶解性、对电磁波的反应等特性，而这种改变则是无法预测的。铲首次于1964年被合成出来，并以新西兰物理学家欧内斯特·卢瑟福的名字命名。它就是一个例子：它的各种性质，大都是理论上预测的，但它被认为会是一个固体，甚至可能是最致密的元素之一，这要归功于镧系收缩（见第151页）。

𫓧

第二次世界大战之后的10年里，美国在合成超重元素方面享受了一段独步武林的美好时光。然而，美国随后发现，它在元素周期表研究上的领头羊地位可能不再那么稳固了。第104号~第109号元素的发现优先权问题吵得非常激励，在美国的伯克利、俄国的杜布纳、德国的达姆施塔特之间争来争去，在新元素的命名问题上拒绝让步。美国人把第104号元素命名为𬬻，苏联人就叫它"库"（kurchatovium）；第105号元素，我们都知道美国人把它叫作𬭊，苏联人却坚持认为它应该叫作"涅"（nielsbohrium）。科学家们花费数十年的时间创造出这些仅仅能存在不到1s的元素，当然不愿意不战自退。最后，国际纯粹和应用化学联合会（IUPAC）不得不来安抚双方。这场争议的结尾，是他们在1997年为超锕系元素裁定了名字，为第105号元素采用了一个新的名称，"𬭊"（Dubnium）这个名字，是用于彰显俄罗斯杜布纳联合核研究所的贡献，同时也是为了呼应第97号元素锫。

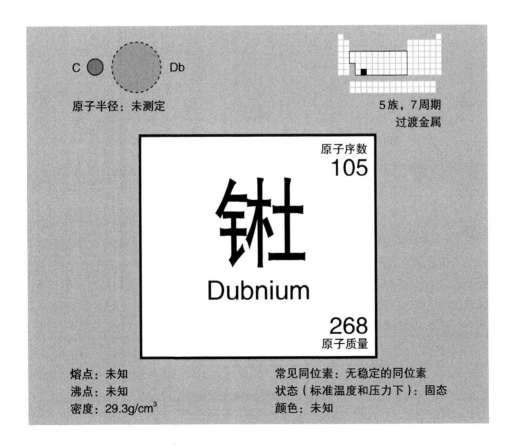

C ◯ ◯ Db

原子半径：未测定

5族，7周期
过渡金属

原子序数
105

𬭊

Dubnium

268
原子质量

熔点：未知
沸点：未知
密度：29.3g/cm³

常见同位素：无稳定的同位素
状态（标准温度和压力下）：固态
颜色：未知

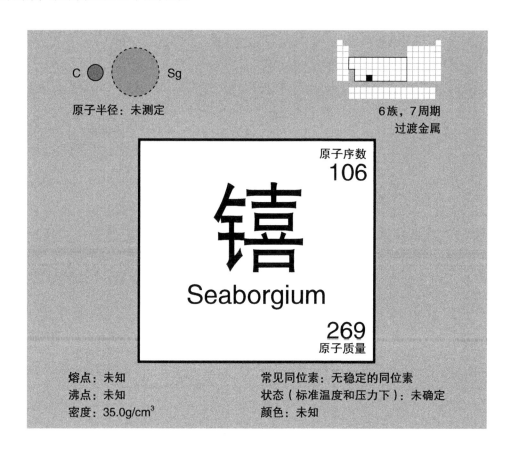

原子半径：未测定

6族，7周期
过渡金属

原子序数
106

𨭎

Seaborgium

269
原子质量

熔点：未知
沸点：未知
密度：35.0g/cm³

常见同位素：无稳定的同位素
状态（标准温度和压力下）：未确定
颜色：未知

𨭎

不可否认，超重元素的化学是格伦·西博格的研究领域。意大利物理学家恩里克·费米提出过新元素合成的最初想法，但西博格找到了可以使用的具体技术，从中子辐照到原子破碎。他还开创了研究寿命短暂的元素的化学性质的技术，通常只需要几个原子就可以奏效。当意识到新的元素是从卤素到f区的镧系元素，而不是d区的过渡金属时，西博格在1945年提出了锕系元素的概念。为此，他还重新编制了元素周期表，这是周期表自1869年诞生以来最重大的一次变化。

1974年，对于第106号元素的优先发现权和命名权的争议更激烈，争论双方是美国队和苏联队。尽管IUPAC承认了美国的优先发现权，却拒绝了它们的命名建议，理由是格伦·西博格当时还在世。但美国化学会拒不退让，最终，西博格成了唯一一个名字被用来命名元素时，本人尚在世的人。

铍

1981年，德国的达姆施塔特的重离子研究研究所（GSI）合成了第107号元素，并以丹麦物理学家尼尔斯·波尔（Niels Bohr，1885—1962）的名字为其命名。1913年，波尔描述了原子的量子力学模型，展示了电子是如何在原子核周围占据特定能级的（见第35页）。这就为共价键理论铺平了道路，同时解释了元素周期表出现的"翻转"现象的原因。研究人员用铋和铬离子以"冷聚变"的方式创造出了Bh-262的原子，半衰期以毫秒计算。（当离子"热"融合时，碰撞的能量往往会又把它们分开。）铍最稳定的同位素是Bh-270，半衰期为61s。在第104号、第105号元素中存在所谓的"相对性效应"（因电子以接近光速的速度运动而引发），曾对元素周期表的构成法则形成了威胁。然而，铍元素的行为遵循了该族的化学性质，从而恢复了科学家们对元素周期表基本构成原则的信心，这是一个有关物质的基本的、具有普遍性的规律。

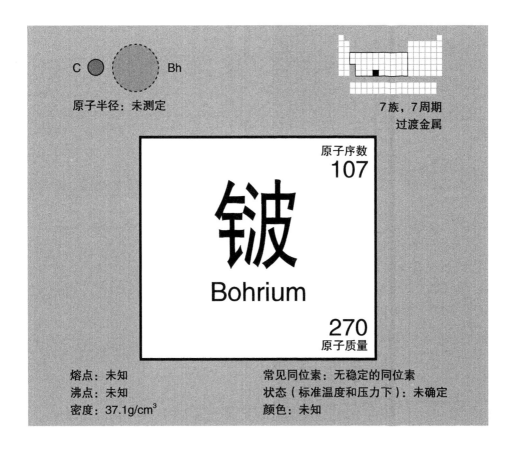

C ○   Bh

原子半径：未测定

7族，7周期
过渡金属

原子序数
107

铍

Bohrium

270
原子质量

熔点：未知
沸点：未知
密度：37.1g/cm³

常见同位素：无稳定的同位素
状态（标准温度和压力下）：未确定
颜色：未知

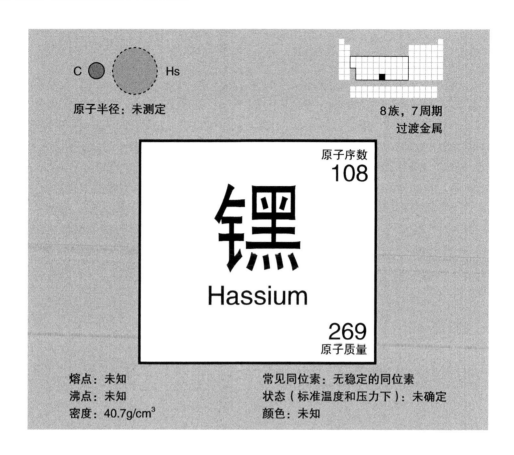

原子半径：未测定

8族，7周期
过渡金属

原子序数
108

镙

Hassium

269
原子质量

熔点：未知
沸点：未知
密度：40.7g/cm³

常见同位素：无稳定的同位素
状态（标准温度和压力下）：未确定
颜色：未知

镙

镙 元素是以德国达姆施塔特重离子研究中心（GSI）命名的两个元素之一。第一次尝试合成第108号元素是俄罗斯的杜布纳核研究联合研究所（JINR）的团队，并在1978年获得成功，而德国人则是在1983年获得了成功。尽管如此，发现该元素的荣誉还是交给了德国人，他们将其命名为镙（Hassia），这是该研究所所在的德国黑森州的拉丁文名字。

GSI的团队通过用铁的原子核轰击铅靶制造出了3个Hs-265的原子，半衰期接近于1.95ms。2001年，5个长寿命的Hs-269原子（半衰期为1.42s）被组装在一起，以确认该元素的化学性质。它们形成了一个具有挥发性的有毒气态氧化物，这明显和锇元素很相似，尽管镙原子要更重一些。当然，想要测定它的密度还需要大量的原子组装在一起才行，但预计镙将会是一个致密的银白色金属。

镀

荣获诺贝尔奖或是以你的名字来命名一个元素，哪个选择更好？这些都是元素周期表爱好者们喜欢琢磨的谈资，而对于丽泽·麦特纳（Lise Meitner，1878—1968）而言，这个问题尤为实际。除了曾与奥多·哈恩（Otto Hahn）共同发现了镤元素，1938年，这位奥地利物理学家还在核裂变的发现中起到了关键作用。然而，1944年，诺贝尔奖委员会将诺贝尔化学奖授予了哈恩，以表彰他在此项工作上的贡献，却没有颁给麦特纳女士，这是一个典型的例子——在当时女性在科学上的成就被忽视了。

1982年，当第109号元素被合成后，GSI选择了用它来向麦特纳女士致敬。这个建议获得了一致通过——这是超锕系元素的命名没有引发争议的极少数例子之一。通过把铁原子核轰击在铋靶上就产生了镀原子。在亿万次的碰撞之后，得到了一个单独的Mt-226原子，半衰期仅为1.7ms。而镀最稳定的同位素是Mt-278，半衰期为7.6s。

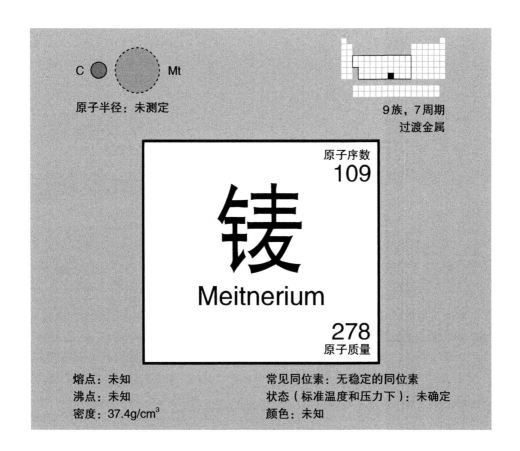

C ◯ Mt
原子半径：未测定

9族，7周期
过渡金属

原子序数
109

镀
Meitnerium

278
原子质量

熔点：未知
沸点：未知
密度：37.4g/cm³

常见同位素：无稳定的同位素
状态（标准温度和压力下）：未确定
颜色：未知

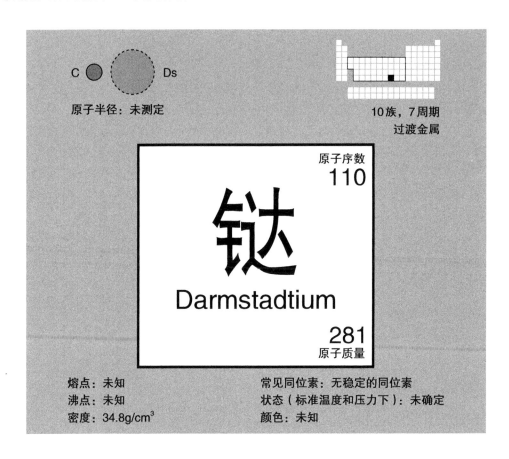

C ◯ ⬤ Ds

原子半径：未测定

10族，7周期
过渡金属

原子序数
110

铋

Darmstadtium

281
原子质量

熔点：未知
沸点：未知
密度：34.8g/cm³

常见同位素：无稳定的同位素
状态（标准温度和压力下）：未确定
颜色：未知

铋

第110号元素的名字来源于德国GSI研究所附近的城市（虽然这类设施不太可能坐落在人口稠密地区，GSI实际上位于黑森的郊区）。因此，在该命名被确认后，一个笑话不胫而走：这个超锕系元素应该被命名为镖才对。

研究人员通过用镍离子轰击铅靶来产生这种放射性元素。铋是一种转瞬即逝的元素，当它被人类创造出来的时候，这个原子一眨眼就没了——仅仅存在了179微秒，几乎不够来确定它的真实性。Ds-281是寿命最长的同位素，半衰期为11s。铋的化学性质都没有经过实验的验证，但它被认为是一种贵金属。第104号~第112号元素形成了第4系列的过渡金属，而铋位于第10族的底部，则它的化学性质应该和镍、钯、铂相似。

铼

第111号元素是以德国科学家威廉康拉德·伦琴（1845—1923）的名字来命名的，正是伦琴发现了X射线。值得庆幸的是，此刻已经是20世纪90年代，对于每个超锕系元素的发现权的困扰与不满情绪都已经消散，取而代之的是国际合作的精神。在这个新的时代，IUPAC也吸取了一些教训，变得更加谨慎和克制。因此，尽管第111号元素在1994年就被合成了，IUPAC又花了10年的时间才确认了这个发现，并批准了它的命名。

铼是被GSI的西格德·霍夫曼（Sigurd Hofmann）领导的团队所发现的，他是超锕系化学的另一位大师。这一次又是通过把镍原子核在铋靶上撞碎，从而获得的单个原子。撞击产生的Rg-272原子，半衰期为3.8ms；而该元素最稳定的同位素Rg-281，半衰期为26s。第111号元素位于周期表中金元素的下方，其化学性质可能与造币金属，也就是金、银、铜等元素类似。

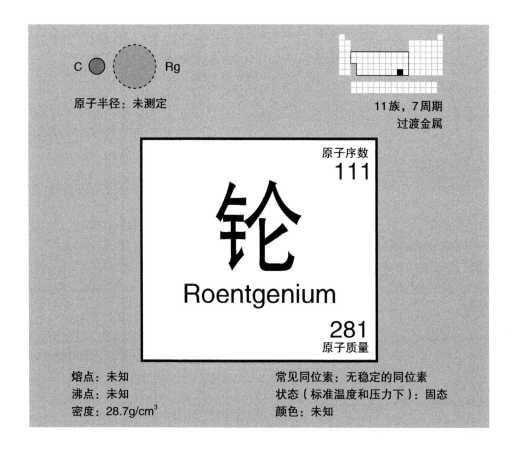

C ⬤   ⬤ Rg

原子半径：未测定

11族，7周期
过渡金属

原子序数
111

铼

Roentgenium

281
原子质量

熔点：未知
沸点：未知
密度：28.7g/cm³

常见同位素：无稳定的同位素
状态（标准温度和压力下）：固态
颜色：未知

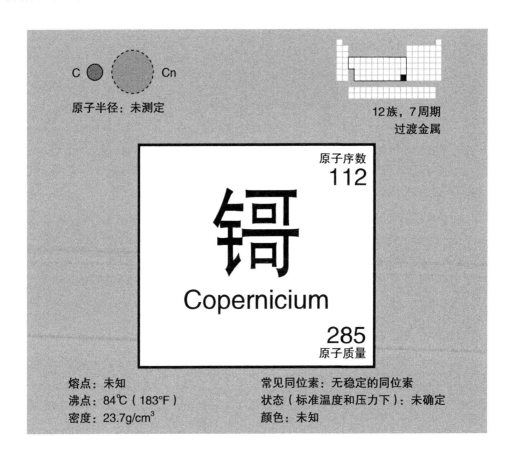

C ⬤ ⬤ Cn

原子半径：未测定

12族，7周期
过渡金属

原子序数
112

锘

Copernicium

285
原子质量

熔点：未知
沸点：84℃（183℉）
密度：23.7g/cm³

常见同位素：无稳定的同位素
状态（标准温度和压力下）：未确定
颜色：未知

锘

1996年，GSI的科学家们首先宣布，他们在120m的粒子加速器中，向旋转的铅靶上发射高能量的锌原子核束，经过一周的时间，制造出了第112号元素的原子。到了2000年，该团队又找到了第2个112号元素的原子。该团队的领导西格德·霍夫曼，同时也是铋和轮元素的发现者，详细讲述这个过程，称之为"艰难而又崎岖的道路"。

而更令人痛苦的，是经过了13年的正式审查之后，IUPAC才承认了这个发现，认可了德国队在发明上的优先权，并接受了他们对该元素的命名锘。虽然选择波兰天文学家尼古拉斯·哥白尼看起来有些奇怪，但尊重被广泛认可的科学家英雄至少是不会有争议的。通过化学实验证实，锘是一个过渡元素，这一发现为"周期表的底部会形成第4个重过渡金属元素系列"的理论增加了证据。

Uut

所谓"Ununtrium"是第113号元素的占位符而已（Uut这3个字母就相当于"1-1-3"这3个数字的拼写），不久之后就不会再作为它的名称了。IUPAC在2015年12月30日发布的新闻稿中证实了元素周期表最后的4个元素（第113号、第115号、第117和第118号元素）已被发现。IUPAC正式确认，位于日本国东京的山本理研究所（RIKEN）对其在2004年的发现的新元素具有优先命名权（而否定了俄国研究机构于2003年的发明优先权声明）。在2016年，该所将会给出一个新的命名建议，而第113号元素将成为第一个在亚洲被命名的元素。

Uut是和Uup成对出现的（见第197页），因为在它是通过第115号元素的衰变而产生的。它最稳定的同位素是Uut-286，半衰期为20s，它最重的同位素Uut-287则会变得更稳定，半衰期长达20min。

C 〇 Uut
原子半径：未测定

13族，7周期
超锕系元素

原子序数
113

Uut
Ununtrium

286
原子质量

熔点：427℃（801°F）
沸点：1127℃（2061°F）
密度：16g/cm³

常见同位素：无稳定的同位素
状态（标准温度和压力下）：未确定
颜色：未知

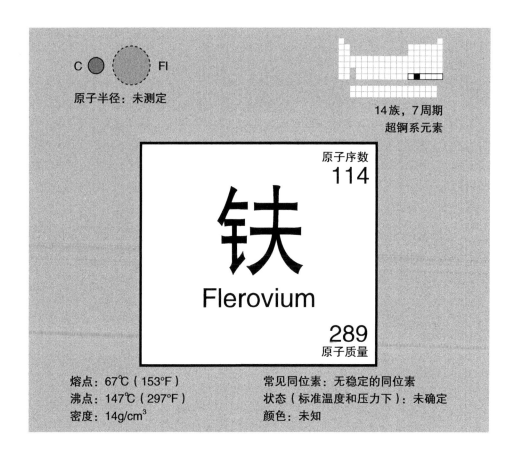

原子半径：未测定

14族，7周期
超锕系元素

原子序数
114

铁

Flerovium

289
原子质量

熔点：67℃（153°F）
沸点：147℃（297°F）
密度：14g/cm³

常见同位素：无稳定的同位素
状态（标准温度和压力下）：未确定
颜色：未知

铁

第114号元素从被合成出来，到它最终在2012年被确认、加入元素周期表，经过了14年的时间，这是迄今为止最长的一次等待啊。来自JINR的俄罗斯科研团队以格奥尔基·廖罗夫（1913—1990）的名字来命名该元素，他是苏联核计划的领军人物，同时也是该元素被分离出来的那个JINR研究所的奠基人。

铁是碳族元素中最重的一个。曾经有人认为，这个元素将会形成一个"稳定岛"的核心（见第201页），猜测该"稳定岛"的范围将是从第112号~第118号元素，半衰期都长达数百万年。然而，当JINR的科学家们将钙的原子核射击到钚靶上时，他们发现，Fl-289原子的半衰期仅有30.4s。当然，和很多其他重元素相比，这依然是一个稳定性的象征。对于堆积起来的铁的化学性质的预测，是核物理学家们的消遣：有些人认为它可能是水银那样的液态金属，另一些人则猜测，它可能是元素周期表中唯·一种气态金属。

Uup

超重元素研究中的圣杯就是找到所谓的"稳定岛"（islands of stability，见第201页）。这些元素将会是元素周期表上的"奇点"，它们的质子和中子构成的原子核从本质上看就是稳定的。尽管这些重元素依然具有放射性，但其中一些元素的半衰期可长达数百万年，就像是钍和铀一样。然而，无论是在自然界寻找它们的痕迹，或是在核反应的残渣中找寻它们的踪影，所有这些努力都被证明是徒劳的。这就是超重元素必须在实验室里，通过原子轰击的方法来人工合成的原因。

2004年，俄美合作制造了4个Uup的原子（这次合作，是在超镄元素命名争夺战后双方关系缓和的证明之一）。Uup的原子核结构一点也不"魔幻"，它在100ms的瞬间内就完成了衰变。而IUPAC的确认意味着Uup（字面意义就是"1-1-5"）将会获得一个新的名称，并将在2016年后正式入驻元素周期表（如今，它已被命名为镆——译者注）。

C ⬤ ⬤ Uup

原子半径：未测定

15族，7周期
超锕系元素

原子序数
115

Uup
Ununpentium

289
原子质量

熔点：427℃（801°F）
沸点：1127℃（2061°F）
密度：13.5g/cm³

常见同位素：无稳定的同位素
状态（标准温度和压力下）：未确定
颜色：未知

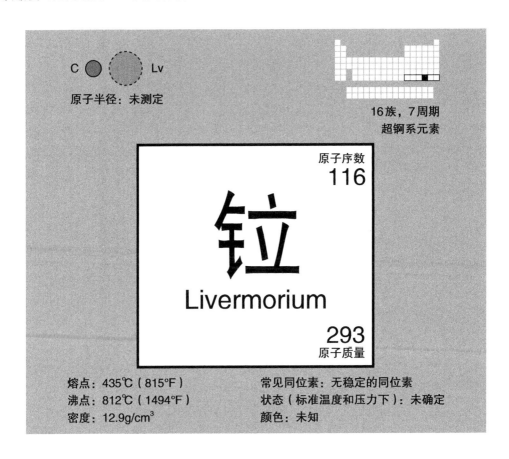

16族，7周期
超锕系元素

原子序数
116

铊

Livermorium

293
原子质量

熔点：435℃（815°F）　　　常见同位素：无稳定的同位素
沸点：812℃（1494°F）　　　状态（标准温度和压力下）：未确定
密度：12.9g/cm³　　　　　　颜色：未知

C ⬤ ⬤ Lv
原子半径：未测定

铊

2012年5月30日，元素周期表中加入了两个新的元素：第114号元素铁，第116号元素铊。这一举动让元素周期表的周边产业纷纷膝盖中箭：印有周期表的杯子、领带和海报都突然变得过时了。铊是以美国劳伦斯利佛莫尔国家实验室（LLNL，位于加州的利佛莫尔——译者注）来命名的，它与俄罗斯的JINR合作，使用高能的钙原子核撞击锔靶标，从而得到了几个第116号元素的同位素。

铊元素的第一个珍贵的原子是Lv-296原子，于2000年首次合成。迄今为止，它最稳定的同位素是Lv-293，半衰期为61ms。不难理解，这个元素的性质并没有能通过实验来测定。它可能会是氧族元素里最重的一个（见第71页），但它究竟会是一个加重版本的钋呢，还是根据重原子的相对论效应拥有一个根本不同的化学性质呢？

鿬（Uus）

超重元素是由核融合制造的，字面意思就是加速原子核，然后让它们撞到其他的、静止的原子核中去。"热"融合反应包括了轻的、高能的"炮弹"和重锕系元素的靶标。这样创造出来的复合原子核具有较高的能量，必须蒸发掉几个中子才能够"冷却"下来。然而，它们往往会进行核裂变反应，重新又分裂开来。因此，这种制造超锕系元素的工作就成了一个数字游戏。2010年，由俄罗斯杜布纳的JINR和美国田纳西州的橡树岭国家实验室（ORNL）共同合作，经过一次长达150天的原子轰击创造了一个第117号元素的单个原子。ORNL花费了近一年半的时间制造了一个22mg的锫靶标，但这个货物违反了俄罗斯海关的规定。这个靶标5次跨越大西洋，而其半衰期只有330天而已，JINR不得不拼命生产Uus-293和Uus-294的同位素。2015年，这一发现获得了正式承认，发明人会在2016年为它提出一个新的命名建议（如今，它已被命名为鿬——译者注）。

C ◯ ⬭ Uus

原子半径：未测定

17族，7周期
超锕系元素

原子序数
117

鿬

Ununseptium

294
原子质量

熔点：450℃（842°F）
沸点：610℃（1130°F）
密度：7.2g/cm³

常见同位素：无稳定的同位素
状态（标准温度和压力下）：未确定
颜色：未知

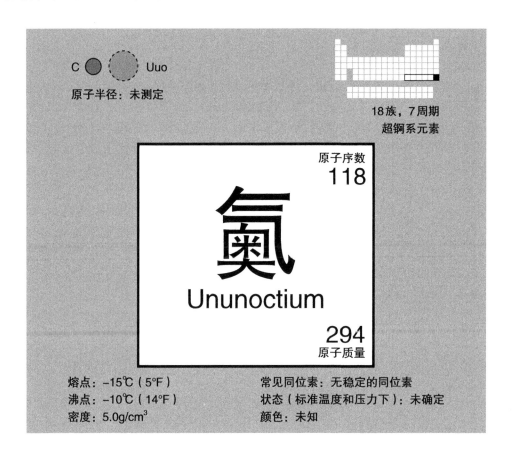

C ● ⟲ Uuo

原子半径：未测定

18族，7周期
超锕系元素

原子序数
118

氭

Ununoctium

294
原子质量

熔点：–15℃（5°F）
沸点：–10℃（14°F）
密度：5.0g/cm³

常见同位素：无稳定的同位素
状态（标准温度和压力下）：未确定
颜色：未知

氭（Uuo）

创造新的超重元素就像是一个追逐原子幽灵的运动。这些原子核的不稳定性令人惊讶，而产量往往只是个位数，通常只有在它们自我毁灭之前的很多分之一秒钟内存在。因此，研究人员转而求其次，对衰变链的"子体同位素"（即放射性元素衰变之后的产物——译者注）进行筛选，以辨别出它们藏在阴影中那难以捉摸的轮廓。第118号元素就是一个典型的精灵元素，像鬼火一般飘忽不定。研究人员需要用100亿个钙原子核去轰击一个锎元素的靶标，仅仅才能产生一个第118号元素的原子，而这个原子的半衰期大致只有0.89ms而已。难怪，从2005年起，只有3~4个Uuo-294的原子核被检测到。在本书完成时，周期标上第118号元素的位置依然被它的代号Uuo所暂时占据，但它的命名优先权已经被交给一个叫杜布纳-伯克利的联合小组，将会给它一个正式的官方命名（如今，它已经被正式命名为氭）。当它被作为最重的惰性气体加入后，周期表上的第7族就将被填满。然而，这会是元素周期表中的最后一个元素吗？

未来的发展

今天的原子核壳层模型形成于20世纪60年代，质子和中子在原子核中填满壳体，就像电子在原子核外形成壳层一般。被填满的电子壳层可以让化学元素更稳定，封闭的"核壳"也能让元素更好地抵御放射性衰变。这些所谓的"幻数""双重幻数"的质子和中子数量就能够解释为什么He-4、O-16、Ca-48和Pb-208的同位数是宇宙中最丰富的元素。

原子数超过第102号的元素已经被证明太容易发生融合，因而难以合成，格伦·西博格则提出了"不稳定的海洋"理论，就是在第112号~第118号元素的"稳定岛"之外的部分。这种原子核的的稳定性已经被证明是难以琢磨的，但是，最近有理论提出，预计Ubb-306（第122号元素的代称）附近是可能存在"稳定岛"的。当然，这个问题依然保持开放：在第118号元素之后，还能发现更多的元素吗？看起来，在现有的化学元素周期表之外，仍然可能存在一些非同寻常的化学问题呢。

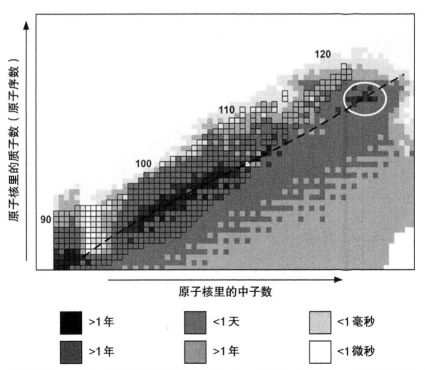

这张"地图"中的重元素同位素使用不同的颜色来标示测同位素的半衰期（通过实验测定或理论计算而得）。预测的"稳定岛"将会是环形的。

词汇表

酸

有酸味的水溶液，可以和碱、金属发生反应而失去质子。

同素异形

在相同的物理状态下，某个元素可能有两个或多个稳定的形态。

原子

化学元素的基本单位。原子是由更小的亚原子粒子组成的，即原子核里的质子和中子，以及围绕着原子核的轨道上的各个电子。

原子序数

某个元素的原子核中，质子的个数。

相对原子量

和真实的原子的质量不同，原子量是衡量某个元素的原子的平均质量。这是通过用该原子的质量和一个碳原子理论质量的 1/12 进行比较。这个平均数取决于该元素的同位素的情况，不同的中子数会使这个数值发生偏移，所以原子数为 1 的氢元素，原子量却是 1.008。

碱

有苦味的物质能够和酸发生中和反应，从而生成盐类。总体而言，碱是可以接受质子的物质。溶解在水里的碱，则被称为碱基。

化合物

一个物质或一个分子，由两个或更多个的原子所组成。

土

一个炼金术上的术语，指的是一类性质稳定的物质。"土"曾经被认为是元素，但现在我们都知道，它们是化合物，通常是氧化物。

电负性

一个原子，吸引电子和自己结合起来的趋势性。氟是电负性最强的元素。

电子轨道

也被称为原子轨道，是原子之中，电子最可能出现的区域。对于任何一个给定的原子都会有多个轨道，每一个轨道对应特定的能级。在原子之中，电子不会在轨道之外的地方出现。

元素

一种物质，它的所有原子的原子核里都拥有相同的质子数，因而化学性质相同。

半衰期

某个样品通过放射性衰变，使得其中一半的原子变为不同形式时所需要的时间。

离子

一个原子或原子团，因为其中带有正电荷的质子数，与带有负电荷的电子的数不相等，从而整体带有电荷。

同位素

某个元素里，带有的中子数目不同的原子。对于一个给定的元素，它的同位素拥有相同的原子序数（也就是质子数），但有不同的相对原子量（质子数+中子数）。

分享的电子的数目。

点阵

由原子构成的三维的晶体结构，含有多个重复的结构单元。

幻数

原子中，核子（质子或中子）的数量能够完全填满原子核的壳层的数字。通常认为，幻数包括了2，8，20，28，50，82和126。

原子质量数

某个原子的原子核中，核子（质子和中子）的数目。这和测定出来的原子质量是不同的。

矿物质

天然存在的无机物固体，其中的原子通常会以某种晶体结构排列。

分子

一个电中性的小群体，通常由两个或多个原子通过化学键连接而成。

氧化态

当某个原子形成化学键时，它获得或失去、

高分子

一个巨大的"大分子"，由很多个重复的结构单元组成。高分子既有天然的，也有人工合成的。

放射性同位素

某个同位素的原子核不稳定，容易因为放射性而分解。

盐

一类无机化合物，通过酸和碱发生反应，或是一个金属离子和一个分子离子发生反应，或是金属与非金属发生反应而形成。稳定的眼泪，有时候也被称为"土"。

悬浮液

一个混合物，由两个不同的相组成——固体颗粒悬浮在液体之中。悬浮液最终都会都会因为重力的影响而沉淀下来。

价电子

一个原子中，最外层轨道上的电子，它们可以参与化学键的形成过程。

图片版权